AF193554

Otro planeta
donde amarte

María García Menduiña

Otro planeta donde amarte
María García Menduiña

Diseño de la cubierta: Equipo de diseño de Universo de Letras
Imagen de cubierta: ©Shutterstock.com

Obra publicada por el sello Universo de Letras
www.universodeletras.com

Primera edición: 2024

ISBN: 9788410004580
ISBN eBook: 9788410004856

Dedicatoria

Principalmente se lo dedico a mi familia y mis amigos, que siempre me apoyaron con este proyecto y estaban más ansiosos ellos de que publicara el libro, que yo misma (no quiere decir que yo tampoco me muriera de ganas). Gracias a ellos por convertir este proyecto en un objetivo alcanzado, su apoyo me ayuda a querer evolucionar y siempre aprendiendo de mis errores e intentando mejorar. Ellos están ahí para decirme lo que hago bien o mal, y siempre aciertan. Gracias a ellos, por todo.

Se lo dedico a mi padre entre otros, por ser mi referente en la escritura, porque sin él no sería posible poseer esta virtud, siendo él quien me lo ha enseñado. Gracias, porque cada día aprendo algo nuevo sobre ti, y lo adhiero a mí.

Y finalmente, pero no menos importante, quiero expresar mi más sincero agradecimiento a la persona que fue mi inspiración para escribir este libro.

Aunque ahora nuestras vidas circulen por separado, con este libro sabes que siempre tendrás un lugar donde leerme de nuevo.

Aprendí tanto sobre ti y sobre este mundo, que me aterrorizaba el mero hecho de poder olvidarlo. Espero que en mis palabras encuentres un refugio al que correr cuando tu mundo caiga a pedazos.

Tu belleza siempre fue única, un arte que ni siquiera la literatura puede imitar.

Índice

Introducción

En octubre del año 2022, comencé a escribir este libro con la única intención de poder expresar mis sentimientos sin sentirme idiota. Puede que suene algo vulgar, pero es la verdad. El papel era el único lugar dónde podía liberar mis emociones sin censura. Y, sin darme cuenta, convertí este libro en la historia de mi vida.

Dos planetas arbitrarios, a su vez condenados a un mismo destino. Toda su historia no es más que un reflejo de lo que alguna vez concebí como real, la metáfora del universo englobada en mis propios sentimientos, una inmensidad de huecos en blanco que decidí rellenar con tinta.

En esta novela, te invito a explorar la paradoja de nuestra existencia, donde el azar y la fortuna condicionan nuestras vidas más que nuestras propias acciones. Aprenderás que la belleza de la vida, a veces se encuentra en la magia de sentir, incluso cuando el dolor está a punto de consumirnos.

¿Quién decide en una historia si el final es triste o feliz? Después de todo, los finales son simplemente eso, finales.

Es decisión del lector, condenar toda la historia o convertirla en su propia obra de arte. Decide tú, cómo quieres recordar tu pasado.

Capítulo 1
Marte y las estrellas

El interior de Marte era rocoso, frío, pero conservaba su agua, a su vez la responsable de que los seres humanos califiquen a Marte como un planeta con vida, en medio de un espacio con abundante materia inerte.

Marte era adicto a intentar descubrir el borde del universo, quería atravesar aquellas áreas desérticas del espacio dónde solo queda el vacío. Todos los demás planetas lo veían inapropiado, nadie quería saber dónde estaba el borde del universo, ni tan siquiera si lo había. Pero Marte sí, Marte nunca tuvo miedo a nada, su único miedo era que los humanos lo percibieran como algo que no era. Porque ellos no sabían que esa agua eran sus lágrimas,que después se filtrarían a través del hierro oxidado del suelo. Marte tenía estaciones, sus inviernos, sus veranos... también posee sus volcanes, estos entran en erupción cuando las estrellas lucen demasiado deslumbrantes. A Marte le encantaba jugar a atraparlas, pensó que persiguiéndolas encontraría el borde del universo.

El trayecto era extraordinario, mientras que perseguía las estrellas, sentía que daba vueltas a doscientos por hora a ras del sol. Pero cuando el viaje termina, acababa dándose cuenta de que quienes se movían eran las estrellas, y no él.

Sin embargo, el proceso resultaba tan genuinamente estimulador, que aunque después se quedará con sus volcanes en explosión y rotando de estación en estación, seguiría persiguiéndolas sólo para así conseguir la increíble capacidad de imaginarse todo el universo y no sólo una parte de él. Ya no le preocupaba llegar al borde del universo, pues ahí se acabaría todo, a Marte le encantaba quedarse al límite del borde. Descubrió que no necesitaba recorrerse las millones de galaxias ni conocer todos los planetas ocultos, sólo necesita imaginárselo, pero no podía hacerlo solo, necesitaba viajar entre las constelaciones para encontrarse así mismo. ¿Qué tenían las estrellas que volvían tan loco a Marte? Que ellas tenían luz propia, y cuando se abrazaban a Marte, por un momento él también sentía tenerla.

Y sí, realmente Marte sí tenía luz propia, el problema era que él mismo no podía verlo, su superficie a su vez era una gran coraza que de cierto modo le protegía del sol. Pero él no quería tener ese tipo de luz, él quería ser como las estrellas, moviéndose por el espacio, bailando con el sol sin importar que el universo se terminase hoy mismo. Tan sólo quería sentir que era algo diferente a lo que en realidad es.

Capítulo 2
Marte y la Tierra

Tras miles de años de minuciosos análisis y cálculos, acerca de lo que hay en Marte, el hombre pudo enviar naves hacia ese punto rojo que se regocija caóticamente por el cielo nocturno. La Tierra siempre quiso saber de Marte, quería saber que escondía ese planeta rojo, de algún modo eran genuinamente parecidos, aunque los dos sabían que nunca serían iguales. La Tierra calló todas las supersticiones que había acerca de Marte. Gracias a ello hemos descubierto que es un mundo fascinante, muy parecido a la Tierra aunque a su vez cuente con factores que no permitan su equivalencia. No obstante, como en Marte, en la Tierra también hay volcanes y tormentas de viento que no le permiten a este ser un planeta perfecto, y menos aún apacible.

Ambos se compaginaban en el hecho de nunca poder ser simples planetas, sino que los dos ocultaban ese huracán interno que les complementaba.

Y ahí estaban los seres humanos de la Tierra, muriéndose por conocer Marte, pero los humanos no son el desencadenante principal de esta historia. Lo cierto es que los humanos son el principal defecto del planeta Tierra. La razón por la que está contaminada y no puede ser tan brillante como lo era al principio. De vez en cuando se echa de menos esa sensación de renacer, la pureza del primer suspiro.

Así pues, para Marte no era necesariamente complicado entender al planeta Tierra. Aunque se desconocen las circunstancias científicas, existe la teoría de que Marte sufrió un cambio climático tan grande, quizá por un pequeño cambio debido al impacto de un meteorito, que perdió la atmósfera que poseía, así como los relieves o los pequeños océanos que lo rodeaban. Asimismo, ambos eran planetas que se sentían desbastados, y en cierto modo, muertos. Pero, cada vez que se juntaban, para el resto del universo eran los planetas más vivos de todo el Sistema Solar.

La Tierra estaba a 54,6 km de Marte, lo cual le hacía admirar y anhelar todavía más el planeta rojo. Porque lo veía pasar, juntos perseguían estrellas, y aún así, una vez terminado el viaje, volvían a ser esos planetas suplementarios pero que nunca serían uno. Sin embargo, para Marte su peor problema era nunca poder palpar el sol, daba vueltas alrededor de él, lo veía constantemente, pero nunca podía alcanzarlo. Qué irónico...¿Verdad? Incluso tenían los mismos problemas, pero para su desgracia, no los mismos sentimientos.

Capítulo 3
Tierra, Marte y
las estrellas

El pasatiempo favorito de Marte y el planeta Tierra, era salir de su zona de confort, persiguiendo estrellas sin saber hasta dónde podían llegar. Era la forma más sencilla de dejar el dolor atrás. Empujándose hacia dentro, cogían impulso y sentían que atravesaban todo el planetario. Pero eso finalmente, no era más que una ilusión que las estrellas les provocaban. Nunca sentían que hubiera las estrellas suficientes en el cielo como para dictarles su camino hacia el borde del universo. Sin embargo, cada vez que viajaban juntos, había una clase de brillo que no se encontraba en las propias estrellas. Marte perseguía a las estrellas, pero la Tierra seguía a Marte.

Los dos eran unos soñadores cuyo sueño frustrado les adhería. Los dos querían atravesar el sol y encontrar el borde del universo, pero ellos mismos sabían que tan sólo eran un planeta más girando en torno al mismo punto que todos. Sin embargo, el planeta Tierra sólo se moría por descubrir si había agua en Marte, pese que en un principio su deseo fuera descubrir el universo, la Tierra dejó su inconformismo de lado, y sencillamente se sentía capaz de ver todo el Universo en las grietas de Marte. Lastimosamente, Marte sentía exactamente lo mismo, pero persiguiendo estrellas.

El planeta Tierra se preguntaba constantemente: "¿Qué tienen esas dichosas estrellas para convertir un día oscuro en una noche mágica?". Entonces Marte respondió: "Las estrellas te envuelven, te abrazan, por un solo segundo eres capaz de olvidar el por qué estabas triste."

Entonces la Tierra respondió: "Pero... ¿De qué sirve olvidarse de la tristeza si en realidad nunca dejamos de tenerla? Marte, tomó un pequeño suspiro y respondió: "La magia de ser evadido de aquello que te atormenta, por un momento la tormenta se detiene, y simplemente pareciese tratarse de una lluvia veraniega. La tormenta que te cala hasta los huesos, se convierte en un día lluvioso ideal para bailar bajo la lluvia o tomarse un café caliente mientras que lees un libro, perseguir estrellas convierte la vida del hombre en un sueño, pero no este se convierte en soñador, finalmente sentirte alguien diferente a ti no se trata de nada más que una ilusión."

Capítulo 4
La Tierra y la Luna

La Tierra siempre amó a Marte, no le importaban el resto de planetas, y lo sabía, ni siquiera se colocaba con las estrellas, aunque amase perseguirlas, siempre era al lado de Marte. Para la Tierra, Marte era como una estrella, la más resplandeciente del universo, y aunque, científicamente estuviera predeterminado que los planetas giren en torno al sol, el corazón de la Tierra siempre elegiría a Marte.

Sin embargo, la Tierra encontró la luna, un satélite que solamente giraba en torno a ella. Y en realidad, a la Tierra le fascinaba la luna, la forma en la que sus noches eran guiadas por ella, por primera vez las estrellas se quedaban diminutas junto a ella. Pero, ¿También se le quedaba pequeño Marte? Probablemente no. Aunque era jodidamente hermoso engañarse, pensando que sus noches por primera vez tendrían sentido, solo porque aquel satélite decidió quedarse en ellas. Y verdaderamente, eso parecía un gran gesto de amor, porque la Luna sabía que las noches de la Tierra eran oscuras, de no ser que estuviera cubierta de estrellas, pero eso finalmente era una ilusión, en cambio la Luna era real, estaba allí, no sólo existía en su cabeza. Era hermoso sentir que se habían encontrado al mismo tiempo.

El día se volvió aburrido, era idílico reencontrarse con la noche y sentir como si vivieras en un sueño, como si cada esquina imaginaria que atribuiste al universo, tan sólo desapareciera. La Tierra ya no se sentía como un pequeño círculo rotando como las estaciones, su función en la galaxia empezó a cobrar sentido. La Luna hizo creer a La Tierra que el Universo no tenía bordes ni esquinas, en ese momento eran la Luna y la Tierra . Aquel planeta, por primera vez en mucho tiempo, sintió que era un planeta autosuficiente, sólo porque encontró al satélite que le miraría hasta el fin de sus días.

La luna le dijo al planeta Tierra: "Iluminaré tus noches hasta que mueran."

Entonces la Tierra le respondió: "Mis noches ya están muertas, mi amor, desde mucho antes de que aparecieras." La luna, agachó la cabeza y dijo: "Pero si aún puedo iluminarlas, significa que queda vida." La Tierra se inclinó para mimarla, pero antes de hacerlo, dijo: "Cariño, no te equivoques, no son mis noches las que estás iluminando, a quién estás haciendo brillar es a mí. Estoy brillando tanto, que hasta las estrellas ven mis noches como un lugar seguro. Mis noches están muertas, pero arrojamos tanta vida que esto se convierte en una aurora boreal."

Capítulo 5
La Luna y Marte

La Tierra estaba maravillada con ambos, pero a su vez eran como polos opuestos. Marte le hacía escapar de la realidad por un periodo de tiempo bastante despejado, y la luna le hacía asentar cabeza cuando el planeta se entorpecía en las rotaciones por mirar esas estrellas. Tanto evadirse como ordenar su existencia eran factores beneficiosos para la Tierra, pero había un problema, ya no podría ver a Marte como solía verlo antes, aunque para su desgracia, lo seguía haciendo. Porque media vuelta con Marte valía más que todas las estaciones del año junto al resto de planetas.

La tierra, tan arrepentida, dijo: "¿Por qué amo a la luna pero quiero a Marte? Si el amor te enriquece, ¿Por qué me quedo con la pobreza?" La Tierra se sentía como si media parte de su mundo se hubiera apagado, como las luces se funden en un día intenso de tormentas. "La luna acepta mi oscuridad, pero Marte la atraviesa conmigo,¿Qué se supone que deba concluir acerca de esta información?" se preguntó el planeta así mismo.

La luna iluminaba las noches de la Tierra pero, ¿De verdad podría adentrarse a su oscuridad por unos segundos, de no ser por su luz fulgurante? Es algo que nunca se podrá saber, puesto que la luna sólo está ahí para iluminar la noche, pero no para salvarlas. Y realmente, Marte tampoco sería capaz de salvar las noches del planeta Tierra, porque los dos compartían la misma oscuridad. Y eso era lo que realmente les diferenciaba de la luna. No buscaban nada el uno del otro, los dos compartían la misma ruina, misma enfermedad con no tan diferentes síntomas. Eran ellos más que nunca, porque lo que el resto podía ver como peligro, para Marte y la Tierra era su lugar seguro.

Sin embargo, la Tierra no retiró ni una sola palabra de aquel te quiero que le gritó a la luna. Quizá la luna nunca recorrería la oscuridad de la Tierra porque su brillo lo corrompería, pero cada noche ahí estaba, dando vida a las facetas más sombrías del planeta. Y eso, eso podría llamarse amor, porque podría posicionarse encima de otro planeta y eligió a la Tierra.

Eso fue lo que realmente le cautivó, además de poder asegurar que esto sí era real. Las estrellas finalmente, ahí estaban, tú las mirabas y te introducías en ellas, creando del universo algo aún más extraordinario. Pero tú eres consciente de que eso no es real, sin embargo la luna sí lo era. Por eso la quería, porque podía decir con plena libertad que lo hacía, estaban predestinados a encontrarse. Pero, entonces, ¿Qué sucede con la Tierra y Marte? Sencillamente, Marte sigue presente porque es su refugio cuando comete errores. La luna no era alguien que pudiese saberlos con total libertad, ¿Y si se fuera?

Capítulo 6
El viaje a través de las estrellas

Ahora sí, os preguntaréis:"¿Qué sucede en aquellos viajes tan envolventes de la Tierra y Marte por las estrellas?¿Qué ven? ¿Qué sienten?"

Pues bien, todo empieza por unas vistas remotas de las estrellas, diminutas luces por el espacio, se convierten en un marcapasos para estos planetas. Saben que las estrellas son inalcanzables, y que, en el peor de los casos, podrían llevarte con ellas. Pero, ¿Qué tienen que tanto engancha? Pues, tan sencillo como; ser inalcanzables, pero a su vez el poder de hacerte sentir que no lo son.

Marte aborrece la monotonía, él suele decir: "Ya apenas puedo diferenciar la felicidad con la sobre estimulación, ni el aburrimiento con la depresión. Lo único que sé es que en cada uno de esos momentos, todo lo que pienso es en salir y perderme con las estrellas, cosa que quizá, en un futuro, se convierta en un problema."

Entonces la Tierra le preguntó: "¿Qué pasaría si, de repente, no las persiguiéramos más?" Marte le miró, tomó un suspiro y le dijo: "Absolutamente nada pasaría, ese es el principal obstáculo, soy alguien que necesita que sucedan acontecimientos constantemente, de lo contrario, no sería nadie."

La Tierra, fijando su mirada en Marte con cierta confusión, le preguntó: "¿Cómo que no serías nadie?" A lo que Marte respondió: "Nadie puede ser nadie si al morir no puede decir que haya vivido. Y para mí las estrellas son vida, vidas y vidas que persigo cada noche con el único fin de olvidarme de la mía."

Aquellos viajes siempre resultaban memorables para ambos planetas, pero, ¿Qué ocurría con la Tierra? Pues, la Tierra buscaba sus estímulos en otro lugar, cuya procedencia no son las estrellas.

Finalmente lo que más enganchaba de esos viajes no era las estrellas en sí, sino que noches como aquellas, eran las que más rápido terminaban. Siempre querían más, y más.

La Tierra miraba a Marte, a sus espaldas le rodeaban miles y millones de estrellas, pero a la Tierra eso le daba igual, las estrellas no eran más que un relleno de la verdadera magia, la cual sobresalía de Marte, únicamente de Marte.

¿Qué irónico, cierto? Marte era completamente incapaz de ver como esa magia salía de sus volcanes y de su inundación, es más, incluso se podría decir, que era el último sitio del cual se esperaría encontrar exclusivamente aspectos positivos.

Capítulo 7
¿Y si el viaje termina?

La Tierra se sentó al lado de Marte, mientras que contemplaban su alrededor. La Tierra lanzó una mirada furtiva a Marte, a lo que Marte reaccionó con una sonrisa nerviosa.

La Tierra, fundiendo su mirada en él, le preguntó:

-¿Qué pasaría si este viaje algún día terminara? ¿Acaso no crees que en algún momento añoraremos la normalidad?

Marte, asintió y le respondió: -Siempre añoraremos la normalidad, no importa lo sobreexcitados que estemos ahora. La normalidad... ¿Qué es la normalidad? Ya apenas puedo entenderla.-

La Tierra, sonrió pícaramente y le dijo: -A la mierda la normalidad, yo no quiero ser normal. No creo siquiera que podamos serlo ni aunque naciéramos de nuevo.

Marte, le miró orgulloso, y dijo: -¡Eso es! A la mierda la normalidad. Estoy bien saltando de estrella en estrella, antes eso que vivir paralizado y, por si fuera poco, aun así contemplar todo lo que nos rodea, ¡Sería una condena que ni tú ni yo merecemos!

La Tierra, se acurrucó en él y con su voz temblorosa dijo: "... sabes..., lo bueno de ti y de mí es que los dos estamos rotos, por lo que nunca buscamos nada el uno del otro. Vivimos el momento, sin importar nuestras grietas o estallidos, simplemente estamos viviendo, y lo mejor de todo, es que lo vivimos juntos. Te quiero, Marte, y me siento como si estuviese en Venus, porque siempre te amaré."

...¿Acaso no hubo respuesta por parte de Marte? ¡No es lo que parece! La Tierra sólo imaginó estas palabras, pero la misma corazonada de la que habla, es la que le impide encontrar el valor para confesarse a Marte. Se acostumbró al silencio y lo vio como un lugar seguro, de lo que trata de huir es de ese ruido que invade su cabeza, pero es inevitable imaginarse este momento miles de veces al día, y aún más cuando lo tiene delante.

La Tierra, dando un inmediato brinco al escuchar de repente la voz de Marte. Se dio cuenta de que esas palabras sólo fueron dichas en su cabeza. Así que sólo le miró y apenas se quedaría silenciada ante las palabras que pronunciaría Marte.

"Tú eres mi lugar seguro, Tierra. Las estrellas sólo son un relleno."

Capítulo 8
Las aspiraciones
de Marte

En una de aquellas conversaciones trascendentales que la Tierra mantenía con Marte, una de ellas le ayudó a conocer mejor a este planeta. Marte, mirando hacia abajo, hacia ese vacío temible dónde nunca podrás saber que hay detrás, con su voz temblorosa y acelerada, dijo: "No me aterra el amor, me aterra que nunca me amen. Ni siquiera busco que me amen correctamente, sólo quiero, ansío poder pensar en alguien, en alguien que esté lo suficientemente roto como para saciar mi monotonía. Creo que al final tan sólo busco escapar de algo, y ni siquiera sé de lo que es."

La Tierra, quedándose en silencio, lanzó una mirada compadecida por ese discurso tan personal y tan suyo. Marte, giró su mirada directamente hacia la Tierra y, después de unos segundos mirándola fijamente, le preguntó: "Tú... ¿Tú crees que soy un planeta bueno?"

Marte, esperando con su mirada brillante y nerviosa la respuesta de la Tierra, iba señalando con el dedo cada estrella fugaz que aparecía. Antes de que la Tierra diera su respuesta, Marte se vio en necesidad de soltar ese comentario que había almacenado en su mente desde la última estrella fugaz que vio pasar: "Qué extraordinarias las estrellas fugaces, descubrimos que hemos visto una cuando las vemos desaparecer."

La tierra puso su mirada sobre el espacio, y entonces dijo a Marte: "Para mí, las estrellas fugaces nunca serán tan poderosas como aquellas estrellas que no saben que lo son." Marte, denotando su confusión, le preguntó: "¿Qué quieres decir?" La Tierra se inclinó a Marte, y subiendo el tono de su voz, dijo: "Pues, quiero decir, Marte, que tú eres una de esas estrellas. Lo que a ti te diferencia de las demás es que vi todo de ti en el momento que apareciste, y no cuando te vi desaparecer". Después de una pequeña pausa, la Tierra cogió un breve suspiro y balbuceó por lo bajo: "Y espero que tú nunca desaparezcas."

Marte, dejando escapar una sonrisa que rebosaba de sus grietas, y con su reacción de exaltación dijo: "Queda mucho camino por recorrer antes de que podamos emprender una misión tripulada a esa faceta del universo, el amor. Pero, mierda, a veces sólo desearía que me amen, ¿No te pasa?" La Tierra, envolviéndose en una atmósfera un tanto desoladora, respondió: Sí, me pasa algo parecido, no estoy segura, no sé si quiero que me amen, o que me ame.

Pero, en toda esta vorágine de la Tierra por completar la carrera hacia el planeta rojo, han empezado a surgir dudas que se resumen en una simple pregunta: ¿Merece la pena seguir en una carrera dónde no hay línea de meta?

Capítulo 9
¡Detengan los relojes para siempre!

La exploración intensiva a la que se está sometiendo el planeta Tierra de ese largo viaje entre estrellas, le hizo descubrir gran cantidad de revelaciones sobre las debilidades y las carencias afectivas de Marte. Sin embargo, existen dos grandes incógnitas por desvelar: ¿Cuándo podrá finalmente Marte sentirse como un planeta limpio? ¿Existe o ha existido algún tipo de atracción amorosa hacia la Tierra?

Era irónico, porque Marte podría ser, y de hecho era, el planeta que mejor conoce a la Tierra. No obstante, hay una única cosa que no puede ver. Cada vez que habla, es como si las estrellas se coordinaran con su voz. La Tierra aprendió de Marte que puedes escuchar millones de palabras en cuestión de segundos y que, dependiendo de su emisor, pueda parecer eterno o bien , acabe tan pronto que sólo desees que cualquier tema de conversación surja por sorpresa, y detenga los relojes para siempre.

Y verdaderamente es triste que la única cosa que Marte no puede ver de la Tierra, fuera la misma cosa que sería capaz de cambiarlo todo. Pero, ahí estaría el factor principal, ¿Qué es lo qué cambiaría?

Cuando un planeta cae, el otro cae también. La Tierra prefería lanzarse al vacío con Marte que quedarse mirando al borde sin su planeta favorito.

Porque la Tierra cada vez que sale con Marte a cazar pequeños destellos de luz, sabe perfectamente que tiene el sol justo al lado, y no, no es esa estrella la cual mantiene a todos los planetas girando en su derredor. La Tierra sólo miraba a Marte y pensaba: "Por favor, que se detengan los relojes para siempre, por favor, que se detengan los relojes para siempre." Pero, después seguía mirando al cielo, y su frase iba seguida de un: "En realidad, sé que no podemos detenerlos."

Honestamente, la peor pesadilla de la Tierra era poner a Marte en su pasado. Que por sus sentimientos platónicos, no correspondidos, tuviera que partir hasta la otra punta del universo sólo para olvidarse de él. Pero, ¿Cómo demonios podría hacerlo? Si incluso en la otra punta del universo se imaginaba con él.

"Tengo miedo de que todo cambie tan rápido. Damos tantas vueltas y es tan fácil no coincidir en la siguiente...Yo...yo sé que no puedo detener el tiempo, pero, puedo sentirlo, yo siento que pasa más despacio para ti y para mí."

Como siempre, palabras ilusas que sólo retumban en la cabeza de la Tierra.

A veces es divertido de imaginar que algún día pudiera decirlas en voz alta.

Sin embargo, al final no son más que pequeñas hipótesis que nunca acaban llegando a ningún lugar.

Capítulo 10
¿Qué fue de la luna?

¿Acaso nos habíamos olvidado de la luna? Por supuesto que no, pero, desgraciadamente, las cosas con la Tierra no funcionaron.

La luna estaba en cada una de sus noches, sí, pero cada vez brillaban menos, se escondía más entre las nubes y era imposible incluso achinando los ojos, ver su brillo completo. Algo estaba mal y tanto la luna como la Tierra lo sabían. Sin embargo, no pararon la oscuridad a la primera fundida de luz, esperaron a que cada carencia afectiva se encargase de esa función, hasta que el color negro absorbiera todos los colores de este falso edén.

Finalmente, el vacío no era tan espacioso porque tenía a Marte a su lado, y aunque fuera de una forma condicional, pero no romántica, a veces parecía ser más que suficiente. Marte era el más nítido ejemplo de las cosas que llenaban cada uno de esos huecos o fronteras contaminadas por la humanidad. Ningún planeta era limpio de alma, pero juntos se sentían menos sucios.

La luna nunca podría entender qué tipo de sensación es, ni siquiera nunca se dio cuenta de lo que Marte significaba en realidad para la Tierra, es decir, ni siquiera la Tierra sabía lo que sentía, tardó mucho tiempo en descubrirse a ella misma como para darse cuenta de todo lo que estaba ocultando.

Pero, así era, la Luna le aportó una clase de estabilidad y orden al planeta que ella misma creía que nunca encontraría lo mismo en nadie. Pero, sin embargo, esa estabilidad al final estaba muy soportada por la monotonía y la Tierra odiaba eso. Con Marte sabía que habría una línea que nunca podría cruzar, pero al menos, podía estar segura de que eso no irrumpiría en las millones de experiencias que quedarían por vivir a través de su camino, hasta el fin del mundo.

La luna no fue capaz de comprender las diferencias de la Tierra y decidió que una parte de ella iluminaría sus noches para siempre, mientras que otra no volvería jamás.

Fue algo doloroso, sí... pero, no consiguió destruirla. Con la compañía de Marte, hasta la cosa más penosa se convertía en un chiste de humor barato, y era gracioso porque sólo les hacía gracia a ellos.

Cuando se alejó de la Luna con el tiempo, fue innegable que la Tierra empezó a centrarse más en Marte y en empezar a vivir en libertad todos esos sentimientos que había tratado de suprimir. Aunque, realmente tampoco es que ahora pudiese expresarlos, pero sí dejar de sentirse culpable por ellos.

Capítulo 11
El destino para
los planetas

A continuación, mediante un diálogo entre la Tierra y Marte, en uno de sus millonésimos viajes, juntos comprenderán lo que significa el destino para ellos.

Marte: *Y tú, ¿Qué tal con los humanos? ¿Siguen destruyéndote?*

Tierra: *Sí... no creo que nunca puedan comprender que sin mí no serían nada.*

Marte: *Vaya... aunque tú siempre has de saber que tu valor es el mismo.*

Tierra: *Sí...lo sé, pero, ¿Sabes qué? En cierto modo, los envidio.*

Marte: *¿Y a qué se debe eso?*

Tierra: *Estos humanos... ¡Son unos desagradecidos! Nunca valoran nada. No son más que una plaga de holgazanes que dan por imposibles las cosas más sencillas que puedas imaginar.*

Marte: *¿De verdad? ¿Qué tipo de cosas?*

Tierra: *Pues... ¡El destino! Se la dan de ineptos, creyendo que el destino es un concepto que no depende de ellos. ¡Por favor, vosotros mismos lo creasteis!*

Marte: *Bueno...pero el destino sigue siendo un concepto incontrolable, tanto para mí y para ti, como para ellos.*

Tierra: *No, Marte, no lo entiendes... Ellos sí pueden cambiar su destino. ¿Qué quieres cambiar de aires? Viajas, ¿Qué quieres encontrar a cierto tipo de persona que todavía no conoces? Ten por seguro que tarde o temprano la conocerán. Ellos pueden cambiar su rumbo en cualquier momento, pero ni tú ni yo podremos nunca cambiar de órbita. Esto es lo que nos corresponde, y nunca nadie nos preguntó si nos parecía justo.*

Marte: *Ya... supongo que en eso tienes razón. Pero, ¿No crees que el hecho de no poder cambiarlo nos brindará un conformismo positivo, que nos ayudará a lidiar con esta crisis de normalidad?*

Tierra: *Al final, este conformismo lo tenemos por obligación, no por propia decisión. Y las cosas pues, son así. Creía estar conforme con lo que me rodeaba hasta que llegó algo que nunca podría cambiar y desmoronó por completo este apaciguamiento, por no poder mirar más allá de lo que me rodea.*

Marte: *¿Qué es aquello que nunca podrás cambiar?*

Tierra: *Marte, mejor olvídalo.*

Marte: *No, Tierra, quiero saberlo.*

Tierra: *En serio que no importa. Simplemente decía que siento envidia hacia los humanos y cierta furia por no poder llevar la misma vida que la suya.*

Marte: *Pero... ¿Qué tienen ellos que tú no tengas?*

Tierra: *Pues, ilusión, Marte, ilusión. Ellos pueden llorar por la tontería más gigantesca y aun así guardar esperanza de que eso algún día pueda cambiar. Yo no puedo cambiar, Marte.*

Podré ser un planeta y tener a billones y billones de seres que dependen exclusivamente de mí, pero... hay algo que nunca podré tener, y aunque lo tenga todo, al no tener eso, siempre sentiré que no tengo nada. Así es la vida, planeta rojo, sólo nos importa lo que no debería importar.

Capítulo 12
Una estrella diferente
a las demás

Un viaje más, con las miradas de ambos planetas enfocadas en las estrellas. La Tierra, como siempre, diseñando su propio paisaje estrellado, meciéndose entre los ojos de Marte, el que tan ilusionado contemplaba su alrededor.

Marte, que se fijó detenidamente en cada una de las estrellas, de pronto se fijó en una que parecía brillar más que las demás, tenía algo, sin saber que era logró hipnotizar a Marte por completo. La Tierra, simplemente estaba viviendo el momento, sin pensar en demasiadas cosas por no perder el hilo de la situación.

El planeta rojo, miró con entusiasmo al planeta Tierra y le dijo:" ¡Mira!¡Mira!" exclamaba Marte mientras que usaba su dedo para indicar de que estrella hablaba:"¡Mira esa estrella!¿Cómo puede ser que brille más que las demás?" La Tierra, un tanto aturdida, respondió:" ¿Estás seguro de eso, Marte? Yo veo a todas iguales."

Marte, asintió y bajó el dedo con el que la señalaba, miró desanimado a la Tierra y dijo: "A veces necesito aferrarme a la idea de que puede existir algo que me haga sentir diferente a mí mismo."

La Tierra, ofreciendo consolación con su silencio y su mirada compasiva, le dijo:" ¿Por qué querrías ser diferente a ti? Marte, ¿Acaso no sabes lo tan significativo que eres en el sistema solar? Eres asombroso, tan asombroso como esas estrellas fugaces que nos hipnotizan para siempre, tu eres mucho más que eso."

Marte, que mostraba una sonrisa dolorida, tan sólo dijo: "He sido menos veces planeta que estrella fugaz, pues muchos al verme desaparecer vieron cumplido su deseo."

La Tierra, inundándose por dentro, fue lo más honesta que pudo: "Mi deseo se cumplió cuando te vi aparecer, si de consuelo sirve. Y desde entonces pido el mismo deseo cuando pasan esas estrellas fugaces. Simplemente, que tú no seas una."

Marte, le miró con deslumbramiento y, mientras seguía mirando a esa estrella, le decía: "Tierra, te prometo que eres mi planeta favorito de todo el Sistema Solar."

La Tierra, maravillada por sus palabras, preguntó: "¿De verdad lo dices?"

"Absolutamente, nadie me entiende cómo tú. Espero que algún día podamos conocer el amor dentro de estos espacios infinitos. Quien sabe, podríamos tener a esa estrella justo enfrente." Dijo Marte, sin quitar el ojo de la estrella.

La Tierra, consciente de la situación, dijo: "Así es, podría estar justo enfrente y ni siquiera saberlo, aunque quizá lo sepas pronto..."

Capítulo 13
Las estrellas, solo estrellas son

Tras un largo tiempo, dónde Marte salía a contemplar la misma estrella. Descubrió la indiscreta diferencia entre el amor y la obsesión. Siempre se decía así mismo: "Esa estrella siempre estuvo ahí, y yo me fijé en ella en el momento que más vacío me sentía, por lo que, probablemente tan sólo le amase por necesidad y no por arte de magia." Pero, aún así, salía cada noche a verla, porque sabía que era él mismo quién algo buscaba, pero tampoco sabía nunca lo que podría encontrar. Quizá esa incertidumbre que le devoraba por dentro fuera la responsable de ese abanico de emociones que el planeta rojo era incapaz de controlar.

"Dichosa estrella...quiero tenerla, quiero que cada noche que aparezca sea por y para mí." Dijo Marte, mientras que hablaba consigo mismo. La Tierra, mientras tanto, seguía perdiéndose en las estrellas, buscando una evasión perfecta para olvidar lo enamorada que estaba de Marte, en realidad. Incluso, intentaba celarle diciéndole que ella también se había fijado en una estrella. Y, lo peor de eso, es que Marte reaccionaba alegremente hacia ese tipo de comentarios, soltándole preguntas como: "¿Y por qué no intentas llamar su atención? La verdad que esa estrella es muy bonita, inténtalo y no te colapses en este espacio infinito."

"¿Espacio infinito? Es triste que incluso en la infinitud sea capaz de encontrar un límite, el límite que separa mis sueños de la realidad. A veces sólo desearía que la infinitud significase libertad, así nunca me torturaría diariamente por amar a quién más amo, siendo el planeta más difícil de amar." Pensó la Tierra para sí misma, mientras que seguía persiguiendo estrellas con Marte.

Realmente dolía, era un hormigueo que atravesaba cada frontera del planeta Tierra. Cada vez el clima era más frío, pero aun así seguía incendiándose cuando el planeta Rojo le recordaba su valor y por un segundo de su entera vida, le hacía sentir que todo por lo que había pasado y lo que eso le hizo ser, era más que suficiente y algo por lo que enorgullecerse, y nunca avergonzarse.

Ahí estaba la diferencia del amor y la obsesión. Porque la Tierra siempre amó a Marte, no importaban sus terremotos, ni sus tsunamis, ni cualquier movimiento defectuoso sobre ella. La Tierra siempre lo amó, y jamás le importó las posibilidades que tenía de recibir ese amor de vuelta. Ella jamás pensó en lo que recibiría a cambio, simplemente lo amaba, lo amaba con locura.

Por el contrario, Marte sólo quería esa estrella para hacer más interesante aquel viaje que repetía cada noche, la quería para algo, y cuando quieres a alguien, pensando el por qué lo haces, entonces créeme que no lo quieres, sólo lo deseas. Y la Tierra no deseaba a Marte, lo amaba. Y sabía que lo hacía porque nunca esperó lo mismo de él, jamás esperó nada, lo amaba sin ella misma quererlo, ni pretenderlo.

Capítulo 14
Monólogo de la Tierra

Cómo era de esperar, esta situación hacía arder a la Tierra. Todos los incendios que guardaba en su atmósfera no podrían ser apagados por ningún bombero. Ya no sólo hablamos de incendios, sino de cómo el azul de sus océanos se convirtió en lágrimas saladas, perdidas por algún lugar de su mar infinito.

La Tierra no tenía a nadie con quien hablar sobre sus sentimientos hacia Marte, nadie lo entendería, le juzgarían con la mirada y simplemente permanecerían en silencio, o bien, se irían.

Así pues, allí estaba la Tierra, sumergida en su burbuja, creando un soliloquio mientras que narraba todos sus sentimientos en alto aunque nunca serían revelados. Millones de perspectivas y ni una sola le permitía soñar, pues todo la llevaba al mismo destino, el final. Y la Tierra, habiéndose acostumbrado a vivir en la incertidumbre de no saber si es infinita o limitada, era incapaz de imaginar el resto de su vida sin Marte. No podría soportar tener que mirarlo, pero sin poder verlo. Ella, en su monólogo, precedía lo siguiente:

¿A quién le importaría que se desbloqueara una bomba atómica sobre mí? Ni siquiera a mí me importa, sabría que Marte siempre estaría allí para bloquearla. Pero, ¿Qué se hace cuando Marte se convierte en tu bomba atómica? ¿Por qué me muero cada día un poco más por pulsar el botón y ver lo que me espera tras hacerlo? A veces, no sé, simplemente me gustaría actuar como si no supiese la respuesta, pero es que en realidad la sé. Marte nunca podría enamorarse de mí, y lo sé, sé que yo no tengo la culpa, pero ¿Qué tiene que ver eso con sentirme culpable de todos modos?

Habría dado lo que fuera por poder convertirme en la estrella mágica de Marte, o aún mejor, de que prefiriera girar en torno a mí antes que del sol. Pero sí, lo sé... son ideas imposibles, aunque a veces es agradable imaginármelas.

El No es cuando me despierto, levanto la mirada y veo que mi realidad interna no es igual a mi realidad externa. Que por mucho que riamos, y corramos a través de ese pasaje infinito, siempre nos quedará ese límite que ninguno de los dos podemos superar.

Pero... si hay algo que no entiendo, es por qué estaría destinada a amar toda mi vida a alguien que no me amará de vuelta. Me pregunto seriamente como fui capaz de amar tanto a alguien que nunca me amó de la misma manera. Él simplemente me miraba, me miraba... pero después de eso yo sentía que era un mejor planeta.

En un universo tan grande, cuyo destino es el mismo. Y aún en espacios infinitos, no encontré lugar donde esconder estas locas ganas de tenerte.

Lo siento tanto, corazón. Los humanos están impresionados, poco decir de su pobre lenguaje, que a juntarnos lo llaman colisión y a separarnos tocar cielo.

Lo que sé es que una parte de mí morirá cuando solo pueda quererte en secreto.

Capítulo 15
Monólogo de Marte

Una vez más, Marte, divagando solo en el espacio, se paró a reflexionar sobre sus rarezas, las cuales era totalmente incapaz de comprender, aunque de cierto modo reconociera la procedencia de sus acciones y pensamientos.

Siempre huyo, y nunca sé de qué lugar huyo para terminar en otro, llegué a la conclusión de que tan sólo estaba huyendo de mí mismo. Vivo soñando con acontecimientos futuros que no estoy seguro de que puedan darse. Pero a veces, ese destello de luz, esa estrella sobresaliente de la noche, es la clave secreta para encontrar la esperanza en un lugar tan oscuro y tenebroso como el universo. Sin las estrellas seríamos ciegos, por eso yo siempre salgo a perseguirlas, soy adicto a perseguir las estrellas que más lejanas parecen estar de mí. A veces me pregunto: ¿Por qué? ¿Por qué solo me fijo en estrellas fugaces? En realidad, creo que sé la respuesta, porque me enamoro del trayecto, no de su final. Dicho así, puede parecer una obviedad, pero no lo es. Siempre que persigo esas estrellas soy consciente de su final y su brevedad, pero sólo por recordar esos se-

gundos de esa aparición luminosa y repentina sobre mis grietas, arriesgaría algo tan personal como destruirme a mí mismo.

Y sí, considero que es un masoquismo injusto al que yo mismo me someto. Pero prometo por las estrellas, que no está en mis capacidades controlarlo, no puedo, ni nunca podré. Sé que hay algo mal en mí, quizá una grieta más abierta que otra, que no derrama agua sino que produce sequías. De cualquier manera, este soy yo, y el primero que desearía poder ser alguien diferente a él mismo, también soy yo.

Gracias a la Tierra, me siento menos solo. Mi sensación favorita es la espera de algo que parece estar muy cerca, pero que en realidad, no lo está. Y siento que la Tierra es el único planeta capaz de entenderlo. Con ella, nunca necesito estar huyendo de un lugar a otro, me paro con ella a observar las estrellas y a veces me parece fascinante la forma en la que siento cómo es ella quien ilumina el lugar.

Pero, cuando digo que soy masoquista conmigo mismo, también interfiere en estos temas. Amo a la Tierra, es lo mejor que me ha pasado en el universo, y aun así, trágicamente no siento amor... aunque creedme que no miento cuando digo que ella brilla por sí sola. A veces ella no cree en sí misma y no lo entiendo... no tiene razones para no hacerlo. El día que encuentre a alguien, voy a ser el planeta más feliz del universo.

Todos los humanos quejándose del tiempo, y aquí que el tiempo es nuestro, no sabemos qué hacer con tanto. Llevo toda una vida perdiéndome entre estrellas para olvidarme de que el tiempo sigue existiendo, y me abruma la idea de que existirá eternamente. Aquí no hay agujas del reloj, aquí son las estrellas las luces que te guían a casa. Porque la vida es eso, un camino que debes emprender hasta regresar a tu lugar proveniente. Si he de ser honesto, la

infinitud del tiempo me descoloca, ya no sé qué momentos pertene-
cen a una etapa u otra, sólo sé que sin ellos no sería yo, y aunque a
veces lo detesto, también estoy conforme por lo que he pasado.

Lo único que espero es conseguir recordar cual era mi hogar,
para así dirigirme directo a él.

Mientras tanto, seguiré perdiéndome en las estrellas hasta en-
contrarlos, justo ahí, en el fondo de mi memoria, dónde ningún
astronauta jamás podría pisar. Justo ahí, dónde no se ve, dónde
todos temen ir... y cuando digo "todos", me estoy refiriendo a mí..

Capítulo 16
La Tierra y la Luna II

No hay nada que podamos destacar de la relación pasada entre la luna y la Tierra. A veces, es extraño porque aún sin estar juntas, la Tierra siente que desde que la conoció siempre hay una luz lejana que anda perdida por ahí, a su vez iluminando su oscuridad.

Sin embargo, la luna ya no miraba hacia ella, pero aun así su mera silueta en la noche era suficiente para que la noche siguiera brillando.

La Tierra tenía claro que la Luna no era para ella, pues ella nunca podría entender qué se siente cuando vives toda tu vida rodeada de oscuridad. Tampoco entendería por qué querría seguir persiguiendo estrellas si ya la tenía a ella, que por sí sola brillaba más. La luna no podía entenderlo, pero Marte sí. Marte, a pesar de ser un planeta roto, solitario pero tan ruidoso a la vez, le entendía, es más, ambos estaban en la misma órbita, así que, realmente podrían incluso compartir la misma vida.

Ambos eran planetas catastróficos, arruinados y desolados. Pero aún así se querían, porque aunque ninguno encontrase la solución a esos problemas, juntos eran capaces de apartarlos a un lado, aunque sólo fuera por un momento.

La luna pertenecía a cosmos, el espacio exterior de la Tierra. Para la luna el universo ha de ser el conjunto de todas las cosas creadas, mantenida por una estructura, lo cuál se oponía a la Tierra, la que prefería no encerrar el universo en una simple superficie, sino que su principal ideología fuera la noción del caos. Sin límites, estructuras ni minuciosos cálculos que pudieran limitar el universo. Esta actitud anti sistemática se debía al miedo de encontrar el fin del mundo, tanto Marte como la Tierra, vivían en base a perseguir estrellas a través de senderos invisibles en los que sólo ellos serían capaces de ponerle un final. Que hubiese ya un final predestinado en una sensación que sólo los planetas creían haber creado, distorsionaría por completo su auto percepción, pues: ¿Qué sería suyo entonces? ¿Nada de lo que les rodea lo es? ¿Están condenados a vivir en una realidad no correspondida?
Múltiples preguntas de este tipo, siempre se trataban de ignorar disimulándolo con algún comentario gracioso o cualquier otro tema ajeno a ello.

Entonces, es por esta razón que la Luna, a pesar de tomar el poder de sus noches, jamás pudo entender la filosofía de vida de la Tierra. Lo que para ella era destrucción, para la Tierra era vida. Entonces jamás podrían ponerse de acuerdo, ya que ninguno de los dos tiene remordimientos sobre sus acciones, simplemente son parte de ellos mismos. Así que, verdaderamente no es que haya un villano en esta historia de amor, quizá sólo pueda definirse como dos almas que no eran gemelas, sino opuestas, que aún así consiguieron enamorarse del amor y de todas las idealizaciones que aquello conllevaría.

Capítulo 17
¿Qué es la belleza para los planetas?

La belleza, para los planetas era idílica porque la belleza significaba todos aquellos deseos que nunca se podrían cumplir. Deseos como la libertad, la creación del arte, algo revolucionario capaz de romper los esquemas en toda la historia del universo… Un hecho es que el universo engloba todo el concepto de belleza, no obstante, somos nosotros mismos quiénes ponemos límites a nuestra mente, lo que nos impide ver la belleza del mundo real. Aquellas estrictas normas de nuestra cabeza, que se enmascaran cómo "el camino hacia lo perfecto", son las culpables de que no podamos ver la luz del sol de cerca ni que podamos ver siempre la luna llena.

La belleza en la libertad, en no necesitar saberlo todo, al contrario de los planetas, que pese enamorarse de la incertidumbre, cada noche salen a luchar contra ella. Sería hermoso no tener que entenderlo todo para creer que algo exista, hacer una pequeña introspección dentro de nosotros mismos hasta comprender que no estamos locos por tener dudas que no podemos resolver.

Belleza en el arte, en el amor, podrían ser las únicas posibilidades de encuentro que el universo presenta. Un acercamiento a la vida, mientras apoyando un pie sobre la muerte. En un futuro, cuando no quede nada y nos convirtamos en un acontecimiento histórico, el arte y el amor serán los únicos que nos mantendrán conectados, aún sin posibilidad de otra vida, o quien quiera que sepa lo que hay detrás.

La verdadera esperanza de un escritor o un pintor, que no para de alimentar su mente con escenarios irreales de su cabeza, nunca morirá para el arte ni la literatura, si este ha conservado su esperanza hasta el final de su sufrimiento.

Ahí se encuentra la belleza, en la esperanza de que exista un cambio y podamos estar presentes. Los planetas existen para crear la belleza y la vida, pero no para detenerse a contemplarla.

Para la Tierra, Marte era el cambio, porque era alguien en quién se fijó cuánto menos se lo esperaba. Quizá en el brillo de Marte, la Tierra encontrara aquel "camino hacia lo perfecto" dónde, sorprendentemente, podías estar vivo y ser feliz al mismo tiempo.

El universo es inmenso, ¿Cómo podríamos pararnos a contemplarlo ángulo por ángulo? Quizá ahí esté el secreto de la pureza que define a la belleza, no cuestionarnos lo que es, sino que, sencillamente la vemos, y eso es todo lo que sabremos de ella, que cuando existe, nuestros ojos rápidamente la detectan.

Pero, ¿Qué hay de esa belleza que no se puede ver? ¿Qué hay de esa belleza que nunca contamos a nadie? La belleza por la que nos desvelamos cada noche, ese pasaje de estrellas que la Tierra perseguía, estando todas ellas únicamente en la mirada de Marte, ese dulce y doloroso secreto que la mantiene despierta en sus noches más solitarias, pero también lo que le permite acordarse de cada uno de sus sueños.

Esa belleza, la que nos mantiene en constante movimiento hormonal, la que convertimos en nuestra propiedad, porque nadie concibe la belleza de igual forma, sin importar que el concepto sea el mismo. Si todo ser humano supiera que él mismo es el creador y portador de la belleza que cree contemplar, harían de este universo un lugar artístico y hermoso, lástima que haya tantas miradas ciegas que creen ver algo que no les pertenece, cuando en realidad desde el momento que lo ves es tuyo, es tu perspectiva, son tus ojos, incluso tú dolor, ¿Qué importa? El punto está en que todo aquel que pueda crear belleza y transmitirla, la tiene absolutamente en su poder.

Por eso, la Tierra ya no se siente ridícula por haberse enamorado de un planeta que no tenía a su alcance. Ahora se siente orgullosa, porque de no haberlo conocido de esa manera ni haberlo arriesgado todo por saber ese "quién sabe qué" que tenía Marte, nunca jamás habría podido descubrir cuanta belleza tenía ella en su interior, al ver con tales ojos a un planeta que sin embargo, no estaba muy apartado de la realidad por la cual la Tierra se lamentaba.

Capítulo 18
Marte en el límite del universo

Cada vez, es más la monotonía con la que Marte carga en su vida, y él, que siempre se acostumbró a mirar más allá de la objetividad, por primera vez se sentía vacío, como si ningún estímulo externo de los que le rodean fuera suficiente para adormecer el estruendo de su cabeza. Seguía paseándose por las estrellas, a ver si encontraba una motivación para seguir, pero ni siquiera las estrellas valían... había algo dentro de su mente que no le permitiría hacer nada, podrían caer miles y miles de meteoritos sobre él y ni siquiera darse cuenta. Esto es algo que dejó a Marte petrificado, ¿Qué haría ahora? Seguramente, encontrar las razones por las que su vida había perdido su carril, pero, ¿Y si este fuera su destino? ¿Y si se siente así para siempre? Esta clase de preguntas, cada día rompían un poco más al planeta rojo, pero eso no era lo peor, sino que para el resto de planetas, tendría que mostrarse como un planeta ejemplar y consistente.

Esta realidad paralela que se convirtió en la vida real para Marte, le llevaba a múltiples disociaciones y delirios que no le permitían actuar como un planeta normal, lo que le llevaba a sentirse como si este fuera un monstruo.

Así pues, la Tierra, dándose cuenta de los comportamientos tan extraños de Marte, decidió preguntárselo directamente: "¿Va todo bien, Marte?"

Marte se le quedó mirando, todo el agua que conservaba dentro de él, poco a poco comenzaba a salir, hasta que entonces le respondió: "Sabes que no me sale ser honesto con todo el mundo, pero contigo lo seré." La Tierra fijó su mirada en él, intentó transmitirle solo con el gesto de su rostro que todo iba a estar bien, que lo sacara todo. El planeta rojo, con su voz temblorosa, trató de explicarse y abrirse a la Tierra.

"Últimamente, Tierra, no sé quien soy. Cuando miro hacia el universo, no veo lo que veía antes...todo comienza a obscurecerse, todo lo que parecía ser hermoso, ahora es un infierno... del que no estoy seguro que pueda salir."

La Tierra, mirándole sin ningún tipo de reacción de sorpresa, simplemente le respondió: "Yo también me siento así a veces, Marte. Pero cuando sepas el verdadero por qué de las cosas, quizá no se vuelva todo más fácil, pero sí más claro."

"Creo que no te estoy entendiendo...¿Tú sabes ese por qué del que me hablas?" Preguntó Marte, detonando cierta confusión.

La Tierra, fijó su mirada en Marte y le respondió: "Marte, si hay algo que los dos tenemos claro, es que somos planetas diferentes a los demás, nadie más ve lo que nosotros vemos, y mucho menos sienten lo que tú y yo sentimos. Ser diferentes nos hace ser especiales, y serlo los dos, nos hará sentirnos menos solos,¿Qué importa el por qué de las cosas? Lo importante es que tú y yo estamos aquí, no sabemos por cuanto tiempo, pero estamos aquí, y quizá eso sea una de las infinitas razones por qué debemos salir adelante."

Marte, dejando salir las lágrimas de sus grietas lentamente, apenas estando a punto de responder, fue interrumpido por la Tierra, que le diría lo siguiente: "Lo único que sé Marte, es que no sabría como hacerlo sin ti, no te harías una idea de lo mucho que te necesito."

Marte, desbordando una sonrisa con un gesto agridulce en su rostro, bajó la mirada y respondió, notándose una ligera reducción en el volumen de su voz: "Tierra, por favor, no me necesites a mí, me da miedo que me idealicen y después acaben decepcionados, ya tengo suficiente con sentirme decepcionado conmigo mismo todos los días."

La Tierra, nublándose su mirada ante las desoladoras palabras de Marte, simplemente dijo: "No depende de nadie lo mucho que puedas necesitar la presencia de alguien, ni siquiera de uno mismo. Y, créeme, en ningún momento me avergonzaría nunca de conocerte, lo digo con orgullo y mis humanos se mueren por saber de ti y conocer lo que hay en tu interior. No das miedo, Marte, das fascinación, y eso es asombroso."

Capítulo 19
La Tierra se
declara a Marte

A pesar de que este hecho desde fuera pareciera evidente, ha sido una decisión que a la Tierra le ha costado incendios, terremotos y tsunamis tomarla. Durante todo este tiempo, le tuvo un alarmante terror a qué dicha declaración de amor pudiera llevar su relación al desastre. Si de algo no dudaba, es que prefería morir en secreto por Marte antes que destruir todo lo hermoso que habían creado con esas pequeñas cosas que para la Tierra lo eran todo.

Sin más dilación, la Tierra, temblando del miedo con algunos de sus continentes desmoronándose, se acercó a Marte y le dijo: "Marte, necesito hablar contigo, pero soy incapaz de mirarte, ¿Te importaría no mirarme mientras hablo?"

Marte, un tanto confundido, se mantuvo en silencio por unos breves segundos, mientras fruncía el ceño, esforzándose por entender a qué venía todo esto, de repente respondió: "Claro, pero,¿Todo bien?" La Tierra sonrió nerviosamente y le respondió: "Sí, todo bien, tú solo cierra tus ojos, y lo comprenderás todo." Marte, más aliviado que antes, se compadeció de la Tierra y decidió cumplir con lo que le pedía, entonces los cerró, y la Tierra tras respirar hondo, empezó a hablar.

"Marte, últimamente...me siento bloqueada,¿Sabes? Y me siento bloqueada con algo que solía creer que podía controlar. Pero, lo cierto es que no, se me ha ido completamente de las manos, por eso necesitaba... necesitaba decírtelo. Me gustas mucho, Marte, y sé que lo nuestro es imposible, aún así quería que lo supieras, que entre espacios infinitos, rodeados de millones y millones de estrellas y galaxias, hay alguien en este universo que te ama. No te confieso esto anhelando un cambio entre nosotros, es más un cambio en mí misma. Te querré hasta el final de los tiempos, mi querido planeta rojo, no importa si tú me dejas de amar...¿Estoy sonando demasiado melodramática para ti? Lo siento por esto...nunca quise elegirte, pero aún así lo hice...ya puedes abrirlos."

Marte, abriendo sus ojos con asombro, levantó su mirada hacia la Tierra, sin embargo, era totalmente incapaz de articular palabra. La Tierra esquivó mirarle por la vergüenza que sentía en ese momento, pero de cualquier modo, no se arrepentía de una sola palabra de las que dijo. Aún así, el silencio de Marte se sentía como un cuchillo gigante atravesando una y cada una de sus fronteras, y no sangraba, pero era como si lo hiciera, porque el vacío de su alma fue liberado, pero no completado.

Tras unos breves minutos de silencio, Marte le dio la respuesta que la Tierra merecía de vuelta, pues le dijo lo siguiente: "Todo lo que puedo pensar ahora, es en las numerosas veces que te hice daño sin siquiera saberlo, puedo asegurarte que jamás me lo habría imaginado. Lo siento tanto, pero ten claro que jamás me alejaría de ti por esto, ojalá lo hubiera sabido antes...realmente lo siento."

La Tierra, con el brillo de su mirada tras el alivio de la respuesta de Marte, le dijo:"Nunca te sientas culpable, y mucho menos pienses que arruinaste mi vida cuando todo lo que hiciste, fue mejorarla. Sé que al mirarnos, sólo uno de los dos siente amor, y sólo uno de los dos siente cariño, pero vivir sabiendo que soy amada por ti, sea del modo que sea, me hace sentir afortunada para siempre, porque ya vivir contigo es un sueño del que me niego despertar."

Marte , sonriéndole a la Tierra, señaló hacia el espacio y acurrucándose a ella le dijo: "Encontraremos la luz de nuestras noches extrañamente vacías, porque sabes que cuándo digas mi nombre, siempre obtendrás respuesta." La Tierra, desbordando una enorme sonrisa fugaz, cerró sus ojos y dijo: "Parece que los dos somos unos melodramáticos.

Marte le sonrió acompañada de una risa nerviosa y le dijo: "Quizá por eso estemos aquí,,¿No? Aunque lo nuestro sea imposible, separarnos también lo es, y eso también es una forma de amar. Te amo, Tierra."

"Yo también te amo, Marte."

Capítulo 20
la verdadera versión
del mundo

La Tierra sentía una amplia liberación en su interior, como si todos sus terremotos se hubieran callado... Por primera vez, se respiraba paz dentro de este planeta. Sin embargo, aquellos temores e inquietudes no habían desaparecido, entre toda esa paz, siempre se encontraba una voz susurrante que decía:"¿Y si al saber esto decide alejarse de ti?" "Quizá no esté preparado para lidiar con alguien que lo percibe de una forma tan exaltada" "Quizá no esté preparado para colarse en sus sueños, y reconocer que tiene tu mundo en su poder."

Lo de que pudiera alejarse, finalmente era algo indefinido, pero realmente, sí era cierto el hecho de que Marte nunca podría llevar tal responsabilidad de siempre tener que dar su mejor versión, pues ni siquiera aseguraba tener una... pero sí la tenía, tenía varias, en realidad. Pero la versión más pura de él mismo siempre sería aquella que no se atrevía a mostrar a nadie.

Para la Tierra, la versión más hermosa de Marte era la que sólo era capaz de compartir con ella, una versión intimada, insólita, que derramaba arte con cada uno de sus discursos disparatados, desde los más superficiales hasta lo más trascendentes. Para la Tierra, esa era su versión favorita de Marte, aquella en la que sin darse cuenta, tan sólo era él mismo, no había papeles, no había personajes, la trama de su historia no era más que la conexión de sus almas, puesto que sus dicciones y sus gestos, ya hablaban por sí solos.

Por ende, su conexión era tan sumamente fuerte, que como ya se dijo, sentían que la muerte sería lo único que podría separarles. No obstante, muchas veces el aferre que tomamos hacia cierta emoción o recuerdo, no es más que una distorsión de nuestra percepción, que finalmente no será eterna, como no se es adolescente para siempre, y todo lo que has vivido, con el paso del tiempo comprenderás que no se trata de nada más que una ilusión. No hay recuerdos, sólo hay ilusiones, el recuerdo es el mar por el que navega el barco, y nosotros quiénes lo conducimos, pero el mar siempre estuvo ahí y el tripulante del barco es el que tiene el poder de engañarse, sintiendo que está en un mar cristalino por las islas más solicitadas, cuándo, en realidad, posiblemente sólo esté conduciendo por un embalse.

Entonces, ¿Qué sucederá cuándo nuestras ilusiones se desvanezcan? Esa era la preocupación de la Tierra, que pese su presunta inmortalidad, no siente que nada de lo que cree percibir y sentir, sea un estado permanente. Y jamás se había planteado qué pasaría con Marte, al respecto de toda esa información. Lo tenía tan apartado de su vida real , muriendo en silencio por él, que se había olvidado de quién era Marte en el universo, incluso de quién era ella misma.

Así pues, la Tierra se dio cuenta de que a partir de ahora tendría que conocer a Marte "desde el principio", pues quería saber quién era de verdad, no quería una versión distinta por día y noche, quería su versión más verdadera hasta el fin de los tiempos. Y quería conseguirlo, quería demostrarse así misma, que aunque no fuera capaz de enamorarle, sería capaz de al menos, conseguir que nunca la olvide, incluso, que nunca deje de quererla.

Al final, esto solo derivaba de sus deseos inadaptados y egoístas, por necesitar no sentirse un fracaso, que si el fin del mundo llega para ella, llegará para todos. Y realmente, no había ni una sola pizca de maldad en su alma, lo contrario, pero su enfermo deseo a sentirse necesitada, a veces podría llevarle a la locura, intercambiando sus pensamientos y emociones, a lo loco, hasta convertirse en alguien diferente a quien era en el principio.

El tiempo transcurría, y la Tierra seguía sin poder escapar de sus sentimientos. Pese que la verdad ya fuese dicha, aunque quedase mucho más por decir, siempre queda ese vacío en la faz de la Tierra que ni siquiera la luna pudo iluminar. Además, que últimamente, la Tierra sentía que Marte se estaba distanciando, aunque ni siquiera se moviera de su sitio.

La Tierra, inevitablemente atribuyó su declaración a esa sospechosa distancia que tomó el planeta rojo, aunque también estaba la opción de que por su miedo al rechazo viese las cosas de forma más exagerada. Sin embargo, algo había en ella que le aseguraba que no era su culpa, que le seguía amando a pesar de que no fuera en la manera que desearía.

Capítulo 21
Desapego de la
fantasmagoria

Para la Tierra, cada vez era más duro obligarse a ver a Marte de una forma realista. Era difícil, porque la Tierra nunca sintió que hubiera idealizado el alma de Marte, sino que sentía que podía verla tal y cómo es, y eso era lo que finalmente le enamoraba.

Sin embargo, era imprescindible utilizar ese mecanismo de autoengaño, sólo para volver a la superficie, porque terminas entendiendo que aunque sientas que ese lugar es tuyo, quizá nunca lo sea, sino que es un lugar al que siempre podrás volver, pero no bautizarte allí.

Y para la Tierra, esto era algo sumamente confuso, porque había visto pasar toda una vida a su lado, pero no era más que su miedo a que ese momento acabara, entonces pensó que convirtiéndolo en su vida, nadie más podría arrebatárselo. Llevaría su nombre con honor, como ese trofeo que sólo tú has ganado, el orgullo que nadie jamás te podrá quitar.

Marte...Marte, un nombre que la Tierra llevará con ella hasta el fin del mundo, y aunque explote, aunque se incendie, se inunde, o entre en guerras, ese nombre jamás lo destruirán. Porque es algo que no es una simple calcomanía, es una cicatriz que sólo tienes tú. Y ahí es cuando encuentras una de esas razones para seguir vivo, para nunca perder la esperanza y sentir que conociste ese hermoso dolor alguna vez, por un planeta, cuya virtud era ser diferente al resto.

Para la Tierra, era imposible volver a su estado de solidez cuando se volteaba a ver a Marte, de alguna forma la debilitaba, la destruía, pero también era el responsable de algunos de los momentos más felices de su eternidad. Era realmente difícil someterse de una manera tan violenta a desapegarte de alguien que en el fondo no querías olvidar. La Tierra siempre supo que una gran parte de ella esperaría a Marte por el resto de su infinitud, pues no le importaba que eso provocase el fin en si misma, ella sólo quería vivir y morir al lado de Marte, no le importaría siquiera anteceder su muerte sólo por unos minutos con Marte en el paraíso, a la Tierra no le importaba nada... solo amar y su profundo deseo de ser amada. Y siempre moría por encontrar la respuesta en espacios en blanco, porque así sería su mente el fruto del propio amor que siente hacia los demás...un amor tan cerrado, que sólo ella lo podría sentir y expresar, y eso, al hacerlo tan suyo, le convirtió en un planeta especial, independientemente de que sólo fuera fruto de su fantástica imaginación.

Y ahora, incluso eso habría terminado, pues ya no había un planeta al que amar, sino un recuerdo que se irá nublando con el paso del tiempo. Ya no había nada por lo que despertarse todos los días y seguir girando, ni habría paseos por las estrellas, a pesar de que ellas siguieran allí. Ya no habría sueños que anotar, solo un vacío inmenso que le hacía perderse por el espacio, por no saber cuál es su destino.

Capítulo 22
Una victoria no premiada

La Tierra, aparte de ser incapaz de comprender cómo de un momento a otro, el planeta que, por millones y millones de años, había sido el más cercano a ella, podría ahora sentirlo tan lejano, tampoco comprendía como era posible que tras una eternidad de años, nunca hubieran sido capaces de conectar de una manera más íntima. Al final de todo, sólo eran rocas muertas que encontraron su órbita perfecta y se adhirieron a ella. Pero, la Tierra, en su propia mente había presenciado tantos momentos idílicos sin necesidad de complementación, que le resultaba imposible pensar que realmente la belleza, sólo existió en su mundo interior.

La Tierra, también se planteaba la opción de que esto sólo fuera uno de los efectos ante su profundo deseo de un mundo perfecto. Un mundo, que sabría que nunca sería ella misma, pero soñaba con encontrarlo en alguna parte del espacio. Pero el mundo interior de la Tierra, no funcionaba como el de un asteroide, en el suyo si se hallaba una evolución. Mientras más se esforzaba en hacer de ella un paraíso, una gran parte de ella acabó en prisión. El peor golpe que nunca jamás podría haber impactado contra la Tierra, era el polvo de estrellas que solían ser sus sueños, ante la interminable espera de un futuro que nunca sucedió.

Pero, la mirada de Marte cuando orbitaba junto a la Tierra, siempre pareció tratarse de visiones auspiciosas, que brindarían dicha serenidad al planeta, que sentía que no necesitaba nada más que la presencia en ese momento, que podría marcar aquel rumbo sin necesidad de movimiento. Los planetas, a pesar de solo ser rocas perdidas por el espacio, sabía que había una órbita que los mantenía unidos a todos, pero sin lugar a dudas, la conexión de Marte con la Tierra, no se había visto jamás en otras profundidades del universo.

Pero, Marte se alejó por un tiempo y a pesar de seguir estando tan cerca, ya no eran cercanos, y esa diferencia fue tan abrumadora que la Tierra lidiaba con guerras en cada continente día y noche. No era capaz de asimilar que aquel planeta, que siempre tuvo delante, derrepente no fuera más que un espacio en blanco perdido por algún lugar de su corazón terrestre. Marte había sido un sueño para ella, alguien a quien quiso aún sin conocerlo, solo porque su conexión era tan fuerte que ya sabían que había algo que los colocó en el mismo lugar y al mismo tiempo. Y, desgraciadamente, aunque sea la misma experiencia y la misma vida para ambos, ninguno lo contará nunca de la misma manera.

La Tierra se pasaba día tras día rebuscando el error entre las facetas más oscuras de su superficie. Y, el problema no era no encontrar el error, sino convertir sentimientos en problemas. Siempre se empieza buscando un error externo, porque damos por hecho que si estuviera en nosotros mismos ya lo hubiéremos presenciado, pero, ante la desesperación de no encontrar el error fuera, finalmente creemos tenerlo en nosotros mismos, entonces nos culpamos cada día de nuestra vida hasta concienciarnos de que nosotros somos el problema.

Así fue, que la Tierra no podía evitar culparse,"¿Qué hice mal?" "¿Acaso no fue suficiente?". Pero, realmente ella sabía que lo había dado absolutamente todo por Marte,¿Cómo no iba a ser suficiente? Y es que, a veces ni siquiera ganamos con la mejor versión de nosotros mismos, pero eso no significa que hayamos perdido.

La Tierra se enfrentará a un largo proceso dónde deberá enfrentar la verdad, pero también aprender que hay más victoriosos por el mundo esperando su trofeo.

Capítulo 23
¿Qué pasaba con Marte?

El mundo interior de Marte era el lugar más arduo que nadie podría encontrar. Todos los humanos estaban engañados, creyendo que habría vida en Marte, que no era un planeta que pasara desapercibido, y eso era cierto, pero la presunta vida de la que hablan, solo es agua corriendo por sus vertientes, cuyas afluentes indican un destino que Marte no quiere esperar.

El siempre prefirió perseguir a las estrellas, momentos efímeros que se volverían eternos en su recuerdo. Y es que, lo que finalmente quería Marte era la llegada de un acontecimiento que ni él sabe cual es, pero su ansia de tenerlo y sentirlo cerca, lo volvía tan próximo que, inevitablemente, se aferraba a ello con todas sus fuerzas.

Marte era increíble, pero él nunca podría verlo. Se sentía tan presionado por ser el planeta que la ciencia estudiaría por el resto de sus días, que cuando no sucedía nada nuevo en su mundo, sentía que él mismo era un fracaso y que no llegaría a ningún lugar.

Así pues, llegó el día en el que todas esas inquietudes impactaron contra él, le convirtieron en un planeta lleno de dudas y remordimientos, cuya procedencia es incierta. A Marte le fascinaba la historia del universo y quería dedicar su vida a encontrar la verdad absoluta a través de esas estrellas y descubrir algo nuevo, algo que su visión nunca antes hubiera captado.

Pero, Marte era incapaz de encontrar la verdad en sí mismo y en lo que le rodea, puesto que su percepción conductual del universo dependía altamente de sus sentimientos, incluso más que de sus pensamientos, entonces,¿Cómo podría apreciar la belleza del universo, si nunca pudo ver la belleza en sí mismo?

Y, la cuestión más importante para los lectores ,¿Qué pasaba con la Tierra?¿Por qué decidió alejarse de ella?

Capítulo 24
Un tsunami de tristeza

Verdaderamente, no hay mejor marca pasos que el tiempo, él te demuestra de la forma más cruda posible que quien no te busca no te necesita.

La Tierra, se volvía cada vez más débil y hundida en su propio océano de la desesperación. Ella ansiaba encontrar un lugar mejor donde quedarse, pero no podía moverse de su lugar, así que permanecería cercana a Marte a pesar de que nunca estuvieron tan lejos el uno del otro.

Para la Tierra era difícil, con sus ojos cerrados entregó su existencia al planeta Marte, alguien cuya existencia la pasaba persiguiendo estrellas, aun sabiendo que nunca las alcanzaría. Nunca debes poner tu vida en manos de un soñador, porque se la llevará con él. Y la Tierra, pese que prometía esperar a Marte por el resto de la eternidad, cada día era más agotadora la espera. Una espera que nadie entendía porque sucedió, pero que simplemente estaba ahí, era fácil asumir el riesgo cuándo no sabías el porqué de su advertencia hasta que te topas con ella.

La Tierra, estuvo a punto de inundarse y extinguirse, pero había algo en ella, quizá restos limpios de su superficie, que le hacían seguir viviendo y no dejar que un mundo ajeno a ella reinase algo que la Tierra construyó por sí misma.

Sabía que había una parte de ella brillando bajo las profundidades, que no todo estaba terminado, pero sentir que lo estaba le impedía seguir hacia adelante. Es cierto que siempre tuvieron su vida por separado, pero la Tierra vivía psicológicamente adherida al planeta rojo, ella siempre sintió que eran uno, pero un golpe de realidad como este, le haría ver que no es así.

Sin embargo, que Marte se alejara de ella es algo que la Tierra nunca hubiera imaginado, y mucho menos lo comprende. Pero, la vida funciona así y no podemos cambiar los hechos, tenemos que seguir viviendo, seguir sufriendo y nunca dejar de crecer.

Capítulo 25
Estrellas de febrero

La Tierra aguantaba aquel interminable invierno sin ser consciente de que en cualquier momento ella también podría irse, que eran diferentes pero que los dos eran planetas, por lo que de alguna manera, también tendrían las mismas capacidades en ciertos aspectos. Pero, la Tierra, que salía sola a alimentarse de esas estrellas vacías, encontraba allí un lugar que curaba su alma, sin embargo, sus paredes eran tan altas, que sabía que si intentaba escapar terminaría cayendo en el mismo agujero.

Cómo podría ser posible...el universo seguía exactamente igual para los dos. Y aun así, eran tan distintas las perspectivas que tenían cada uno, que eso los convertía en irreconocibles el uno para el otro. Todo este tiempo, que habían estado separados, les dio mucho que pensar entorno su extraño vínculo y la inmensidad de sentimientos extraviados que los rodean. La Tierra siempre pensaba: "Esperarle... ¿Cómo iba a esperarlo? Él siempre fue alguien intermitente, pero aun así arrebató todo mi universo convirtiéndolo en un todo, que sólo podría contemplar en él."

La Tierra siempre fue consciente de que dio lo mejor de ella misma, pero, ¿Qué eso fuera suficiente? Eso ya lo dudaba más.

Por otro lado, Marte seguía sintiéndose vacío por razones que incluso él desconocía, pero había algo en él que le apartaba de todo el universo, y ni siquiera eran las estrellas. Marte ya no veía estrellas, sino diminutos puntos blancos que se pusieron en el cielo por alguna razón.

Todo había perdido el sentido para él, necesitaba encontrarse así mismo para así poder apreciar el cosmos de su alrededor.

A veces, la Tierra sólo desearía acostarse junto a Marte en la parte más sombría del universo y simplemente olvidar todo el dolor que sufrió en silencio, pero sabría que a costa de ese dolor, que cada día se hacía más grande, jamás podría vivir su felicidad de una forma tan libre como cuando se perdió entre las estrellas por primera vez. Ahora las estrellas ya no brillan, son estrellas de febrero, que ya se empezaban a apagar algunas en enero, pero, como siempre el tiempo siempre estuvo despierto, arrancando sin piedad los sentimientos más vivos que apenas estaban por florecer en algún jardín, cuya existencia sólo era parte de un sueño.

Pero, la Tierra quiso cegar sus propios ojos, y cedió a seguir durmiendo. Funcionó por un tiempo, funcionó escaparse tanto de ella misma que olvidó el por qué estaba durmiendo, pero al final del sueño, siempre abría sus ojos y veía a Marte en el mismo lugar, más alejado que nunca y sin ninguna señal que comunicar. Un vacío inmenso por el que la Tierra prefería cerrarse y perderse en sueños ilusos que nunca se cumplirían.

Sin embargo, Marte a veces sólo desearía sentirse lo suficientemente preparado para voltearse y decirle a la Tierra lo mucho que le aprecia, porque sabe que es lo que necesita oír, pero no se siente bien como para hacer sentir bien a los demás. Y no quería hacerla daño, pero sabía que no tenía escapatoria, que no habría posibilidad de acertar en un juego de cartas dónde el corazón es el ganador. Hiciera lo que hiciera, no borraría el daño del pasado, pero a veces simplemente voltearse podría haber sido el principio de algo revelador, un acercamiento a una victoria, cuyo trofeo es el camino recorrido y cuya meta es este momento. Pero, Marte prefería perderse en sus tinieblas, hasta encontrar una luz que finalmente pueda guiarle hasta casa

Capítulo 26
Todo sigue igual

Pasaba tiempo, mucho tiempo, definámoslo así, en el que Marte seguía perdido en sí mismo y la Tierra no dejaba de dar vueltas y más vueltas sobre el mismo lugar, su existencia se había convertido en un completo caos, no era capaz, simplemente, de seguir su camino sin Marte.

Que irónico es a veces, que los mejores recuerdos junto a alguien, son los que pasamos nosotros en plena soledad, ese momento de antes de acostarnos dónde rememoramos todo el día junto a nuestra persona favorita, nos acomodamos y tan sólo dejamos que comience la función en nuestra cabeza, hasta que finalmente nos envuelve por completo.

Algo así le sucedía a la Tierra, lo mágico no era recorrer todas las estrellas del universo con Marte, aunque es cierto que también lo era, pero lo realmente mágico era el momento de después, donde la Tierra volvería a asentar su mente en la realidad y ella misma proyectaría aquella noche fascinante, que para Marte posiblemente solo sea una más de muchas, aunque también lo recuerde felizmente.

No importa cuántos sentimientos guardara la Tierra hacia Marte, si lloraba, si se derrumbaba, si se consumía por dentro... no importaba, todo seguía igual. Nadie comprendía que pasaba con Marte, el tan sólo desapareció por un tiempo, que se volvió eterno para quien lo espera.

Fue lo suficientemente inteligente y estratégico sin siquiera darse cuenta, que al irse dejó su firma en el planeta Tierra, una marca que le acompañaría a mil años luz, algo así como una cicatriz, un amuleto de la suerte que siempre llevarías contigo, aunque esto más que dar suerte, sólo deja incógnitas que la Tierra no puede descifrar por sí sola.

Era un vacío tan grande el que Marte había dejado, que había estrellas y pequeños rincones a los que la Tierra nunca podría volver, aquella avalancha de recuerdos inadaptados e idealizados eran demasiado pesados cómo para enfrentarse a ellos cada noche que salía. Ella sólo buscaba y deseaba paz, pero no sería más que una mentira alentadora para arrastrarse ella misma hacia lo "ideal", hacia lo "correcto". Pero,¿Qué es realmente lo correcto, si ni siquiera podrías sentirlo, ni hacerlo tuyo? Para muchos, seguramente lo correcto sea aquello que te deje más feliz o más tranquilo, pero la Tierra era incapaz de verlo así.

Ella amaba el peligro, se enamoraba de aquellos ojos que a gritos le decían que corriese sin mirar atrás, se enamoraba de aquellas grietas que de alguna manera se complementaban con las suyas, como las piezas perdidas de un puzzle, aquellas que no encontramos hasta años después, que quizá aparezcan debajo de tu mesa, llenas de polvo, o aparezcan como apareció Marte en la vida de la Tierra, habiendo estado delante de ti el resto de tu vida, y tú mientras tanto intentando ocupar su hueco con piezas de otros puzzles.

La Tierra amaba más el dolor que el amor, porque ningún amor le hizo sentir tan viva como un desamor. Y eso era tristemente hermoso, porque su mundo interior se veía reflejado artísticamente, pues aquel que conoció el dolor a través del amor, y aún así sigue amando, es aquel que ha comprendido el arte del dolor, el arte de ser herido.

A veces la Tierra simplemente pensaba: "Si Marte supiera de verdad cuánto amor guardo para él, brotaría amor en su corazón." Pero, eso no era cierto, porque el amor que ella guardaba no importaba, el punto culminante de esto es que nada importaba, ser amado de vuelta solo era cuestión de suerte...ni cuestión de tu existencia, ni de tu valor, ni de tu forma de amar.

Sólo era cuestión de suerte, y la Tierra no la tuvo, eso es todo.

Capítulo 27
¿Miedo, culpa, soledad?

Abundaba un gélido ambiente en el espacio, un silencio tan desértico que pareciese ser el fin del universo. Ya no había mentes soñadoras deambulando entre las estrellas, ni carreras hacia el infinito, ni una búsqueda a su verdad, solo quedaban restos de ilusiones, perdidas por alguna esquina recóndita del universo. El mundo ya no significaba nada, la Tierra a veces salía a caminar entre los jardines de su memoria, y analizaba cada momento de su pasado, mientras se aferraba a la idea de que volvería a sentirse de la misma manera, si encontraba otras aspiraciones que perseguir.

El cosmos... ¿Qué es el cosmos? Para algunos planetas es el sol, para algunas estrellas es la noche, para los meteoritos lo es su recorrido, y para la Tierra era todo un conjunto, pero reflejado a través del alma tan nítida de Marte. Ella sentía que podía englobarlo todo en el mundo interior de Marte, pero, en realidad no podía.

Finalmente eran perfectamente compatibles en su desgracia, en su manera de odiarlo todo, pero ellos podían hacer que pequeños detalles marquen la diferencia, y tanto que la marcó, que los recuerdos todavía divagan por el espacio buscando su lugar de procedencia. A simple vista, parecían perfectos el uno para el otro, pero no lo eran, y nunca podrían serlo porque les separaba la enorme desigualdad de que solo uno de ellos estaba soñando.

Marte giró su esfera al lado opuesto de dónde la Tierra estaba, y eso le destrozó, lo destrozó por completo, y no porque no hubiera valorado a Marte de frente, ni porque temiera que ahora mirase a alguien más, sino porque nunca esperó que pudiera girarse. Para la Tierra, esto era una unión del universo que simplemente tenía que ocurrir, no hay porqués, ni circunstancias, simplemente era así, y nunca se imaginó el giro drástico que daría su trayecto al perder a su mejor acompañante, caminar solo era más aburrido, y sin Marte era todavía más calamitoso.

La vida transcurría, todo seguía en movimiento, pero había algo en la Tierra que se habría paralizado, era como vivir en un momento fuera del tiempo, esos son los más memorables y más difíciles de saltarse... eso dicen por ahí. Una voz susurrante bajo la atmósfera solía decirle "eres culpable" y sorprendentemente la Tierra se mostraba vacía de sentimientos, porque simplemente sentía que lo era, no tenía la necesidad de cuestionarse lo que hizo, simplemente era culpable, veía su nombre tachado en una lista y ni siquiera le importaba si su nombre fue escrito a lápiz o a bolígrafo, sentía que permanecería escrito para siempre, que se le abriría aquel expediente de la moral y se le condenaría la infelicidad perpetua.

La Tierra no podía reflejarse en sí misma, y no porque fuera objetivamente imposible(en su mente nada lo era), sino porque sentía una terrible culpa y resignación sobre sí misma. Para la

Tierra, era como convertirse en uno de sus súbditos (los seres humanos), y de repente estar encerrada entre cuatro paredes polvorientas, una bombilla parpadeante en el centro de la habitación, y cuatro hombres con sombrero mirándola fijamente mientras sostienen su cuadernillo y le preguntan: "Entonces, ¿Eres culpable?" Y la Tierra, sin mostrar tensión alguna, dice que no, pero la pregunta se repite numeradas veces y entonces la Tierra, con su corazón de humano encogido, dice "Desde el uso de mi razón, sé que no soy culpable, pero me siento culpable, entonces ¿Se puede sentir culpa si no se posee?" Los hombres simplemente toman un bolígrafo,apuntan en su cuadernillo la respuesta, toman un breve respiro y dicen: "Entonces, eres culpable."

Estas sólo eran algunas de sus pesadillas, pero era mucho más agotador soñar despierto con miles de versiones diferentes dónde Marte le decía aquello que quería escuchar, pues esa era su forma de afrontar su silencio, fantaseando con que no lo hay, pero, realmente si lo hay. Está tan latente entre ellos que es capaz de hacer sentir a la Tierra todos los estados de ánimo existentes, pero también es capaz de gritarle: "ERES CULPABLE" en todos los idiomas que haya.

Por eso, era tan confusa esta espera por Marte. Porque mientras que la Tierra sufría y lloraba desesperadamente por él, Marte tan sólo estaba reconstruyendo su vida, y estaba bien, era lo correcto para él, pero la Tierra, ¿Con qué se queda?

¿Con qué se quedaba, si no eran más que sus dudas y sus ganas? ¿Con qué se quedaba, si no era nada más que culpa y desavenencias entre sus continentes?

Pues, lo cierto es que se tenía a ella misma. Al principio piensas: "Vaya mierda" pero terminas de conocerte y dices: "Vaya mierda los demás". Como así funciona la vida, también fue el culmen evolutivo del planeta Tierra. Su percepción del universo y de la vida estarían por cambiar, ya no querría encontrar la respuesta en Marte, sino encontrarse a ella misma, eso sería la búsqueda de la verdad para ella, una búsqueda hacia su verdad.

Capítulo 28
Las pesadillas
de Marte

Marte...el planeta más puro y aventurero del sistema solar, siempre pareció tener algo en común con el sol, más allá de su anaranjado color, la forma en la que brillaban. La diferencia era que el sol brillaba por fuera y Marte lo hacía por dentro. Aunque, verdaderamente eso no era del todo cierto, si te quedabas mirándolo por un largo tiempo, entenderías que esas grietas hablaban solas, que su mundo interior era incluso más inmenso que el universo que lo rodeaba.

Marte... ¿Qué pasó con Marte? Todos se lo preguntan, pero nadie sabe la respuesta. Hay planetas que dicen que quedó mudo, estrellas que dicen que no han vuelto a verle pasear entre ellas, y el sol simplemente dice que es un cambio que estaba destinado a vivir, y que por esa razón deberíamos aprender a dejarlo ir. Porque ahora está mirando hacia una parte del universo que no conocía, y por mucho que a algunos se les desgarré su corazón rocoso, la única salida hacia el desapego, sería aceptar aquella decisión que aunque nosotros nunca habríamos tomado, hemos de comprender que otro sí pudo hacerlo en nuestro lugar.

La solución se sentía como un problema, pero debemos recordar que ante todo es la solución, dejarlo ir. Marte había caído en la oscuridad, no encontraba las estrellas ni encontraba la manera de volver a la superficie. Pero, esa misma oscuridad le enseñó a hacerlo, le enseñó a no tener miedo de sí mismo, pues ese lugar oscuro no era más que el infierno de su subconsciente. Se había pasado mucho tiempo escapando de sus demonios, las estrellas eran su lugar seguro, pero no permanentes. En ese momento dónde se vio solo, aprendió a valorar otro tipo de cosas, precisamente, aquellas que no se ven, que primero deberás sumergirte en la oscuridad (en contra de tu voluntad) para conocerlas.

Cuando Marte se sentía vivo era Marte contra el mundo, pero cuando se dormía era el mundo contra Marte.

En una de esas pesadillas, cuya inquietud comparten todos los planetas, podía verse Marte atrapado en una habitación oscura, Marte, como un humano, acurrucado en la esquina de esas cuatro tenebrosas paredes que lo rodeaban. Preguntándose, "¿Qué hago aquí?" Repetidas veces. No es hasta que escucha una voz que no es la suya dentro de esa habitación, pero no logra ver a nadie, solo escucha una voz, una voz mucho más grave que la suya, y con su toque desgarrador.

"Marte, ¿De qué te asustas? Tus inquietudes hacen que este cuarto sea más pequeño, y me cuesta respirar."

"Pero, ¿quién anda ahí?" Dijo Marte, mientras miraba a todas partes para encontrar de donde venía esa voz.

"Puedes dejar de dar vueltas, Marte, no me vas a encontrar. No has respondido a mi pregunta, ¿De qué te asustas?"

Marte, quedándose paralizado, tenía su mente en blanco pero sabía que necesitaba hablar, que lo mejor sería responder a su pregunta.

"¿Me vas a decir que es normal estar solo en esta habitación, y estar escuchando una voz que no es la mía?"

"Vaya..." dijo esa voz misteriosa, mientras soltaba una irónica carcajada. "A los demás les suele gustar mi voz, ¿qué problema tiene? Ahora en serio, pensé que tu inquietud venía de esta habitación oscura."

"Bueno... es cierto que, no sé qué hago aquí, no puedo recordar nada, y, para ser sincero, no me gusta esta habitación."

"Vaya... ¿Y eso por qué, Marte?"

"No es más que una habitación oscura, vacía, me llena de tristeza, me hace preguntarme quien soy, no me gusta estar aquí."

Fue entonces cuando esa voz le interrumpió y le advirtió:

"Marte, disculpa por interrumpir, pero tendrás que callarte, o estas cuatro paredes serán cada vez más pequeñas, y moriremos aplastados. Solo tú puedes parar esto."

Marte, rodeado de miedo, pudo contemplar cómo se hacían grietas en el techo, como las paredes se encogían y cada vez había menos aire en la habitación.

"No puedo contener mis gritos ante esta inmensa oscuridad, puedo ver mis temores en esta oscura habitación. ¿Quién soy yo? ¿Quién diablos eres tú? ¿Estamos condenados a morir de esta manera? ¿En un lugar tan sumamente miserable?"

Las paredes se estrecharon todavía más hasta que Marte podía sentir la pared a milímetros de sus ojos. Ya no se escuchaba esa voz misteriosa, pero Marte ahora necesitaba volver a escucharla.

"¿Sigues ahí?" dijo Marte, intimidado por no ver más que oscuridad.

Fue entonces, cuando la voz volvió a retumbar en esas estrechas paredes, dictando su última evidencia.

"Lamento decirte esto, Marte, pero aquí, en este sueño, el cuarto oscuro eres tú. Solo tú puedes cambiarlo, eres el único que puede despertar y traer luz a esta penumbra, que no es más que tu miedo a cambiarlo todo."

Es ahí, cuando Marte se despierta, y cambia su rumbo para siempre, sin explicaciones que deber a nadie, persiguió aquella pesadilla hasta el final, hasta convertirla en un sueño cumplido bajo su realidad.

Corrió sin mirar atrás, lo cambió todo. Su vida, sus hábitos, sus perspectivas... aprendió que dejaría de ser un cuarto oscuro, si encontraba una pequeña luz de la que pudiera apropiarse, como una linterna que te guía en el camino. Ya no servía de nada perseguir estrellas, ahora Marte quería ser la estrella, no tener que chupar luz de otras, ser él mismo, la luz que alumbra su camino.

Capítulo 29
Las pesadillas
de la Tierra

El dolor se volvió tan rutinario que era inevitable hacer un fetiche de la tristeza, era de lo único que se rodeaba, con el sentimiento que dormía y con el que se levantaba. Su existencia no tenía sentido, nada lo tenía, aunque sabría perfectamente detrás de su coraza que esto solo era consecuencia de haberle dado todo su sentido a alguien.

Y entonces la Tierra se preguntaba: "Pero, ¿Es que así no funciona el amor?" A lo que seguía de un: "Simplemente somos lo que sentimos, no cualquiera puede no sentir amor y no cualquiera puede sentirlo, cada ser del universo está condenado a encontrar el sentido temporal de su vida para arruinar todo lo que queda después de ella, pero, eso es el amor, ¿Cierto? Hacer fetiche de la tristeza, de la idealización y de todas las fantasías ocultas de nuestra mente, sino, ¿Por qué querrías querer a alguien?¿Qué es lo que arriesgarías si no es tu imaginación y tus sueños? ¿Qué mejor versión de ti mismo ofrecer que aquella que eres cuando nadie te está mirando?"

La Tierra era incapaz de escapar de sus pesadillas, pero ella misma se sometía de forma compulsiva durmiendo por más tiempo del previsto. Estaba perdida, pero no quería reconocerlo. Rebobina en alguna de sus pesadillas y se convierte de nuevo en un ser humano, la pesadilla comienza ligeramente, todo está bien, el paisaje está verde y el cielo pareciera estar cubierto por todo el sol, pues era tan brillante que apenas se discernía el azul. Pero, entonces es ahí cuando su entorno comienza a deformarse y de repente fija sus ojos en un rostro que insólitamente se le hace familiar, ni siquiera era la cara en sí, había algo en ese ser humano que la Tierra creía conocer. Entonces, paró de caminar en seco, y solo esperó a que ese sospechoso ser humano se volteara, y así fue, la Tierra quedó petrificada porque no tenía dudas de que era Marte reencarnado en ser humano.

La Tierra quería sonreírle, quería hacer cualquier gesto humano con el que pudiese captar su atención, pero no podía moverse, ¿Acaso se trataba de una parálisis del sueño? ¿Verdaderamente era una pesadilla o simplemente es un terrorífico reflejo del miedo que la Tierra tiene a conocerse así misma? Nadie lo sabría nunca, la Tierra permanecía mirando a aquel ser humano, hacía todo por acercarse, inventa mil excusas pero nunca es suficiente, hay algo en ella que le paraliza por completo, y esa es la verdadera pesadilla de la Tierra, querer actuar y no poder hacerlo, querer una respuesta limpia y aun así terminar con las manos sucias de sólo pedirla, incluso en la pesadilla era mejor quedarse de brazos cruzados y verle pasar que acercarse a saludar y arruinarlo todo, aunque ni siquiera supiera el por qué, siempre habría algo que le haría dar un paso atrás.

Y es que, a veces actuar está demás. No podemos cuestionar las decisiones del otro porque no dependen de nosotros, pero tampoco significa que estemos obligados a aceptarlo. Es decir, la Tierra respetaba que Marte se hubiera ido para recuperar su luz interior, pero no dejaba de parecerle injusto que fuera capaz de abandonarlo en su peor momento, realmente lo necesitaba.

No obstante, también puede ser difícil para alguien cuidarte cuando no sabe cuidarse así mismo, y puede brindarte momentos rebosantes de felicidad, puedes jurarle al mundo entero que ha cambiado tu vida, pero, las almas rotas nacieron para atravesar el universo, y nunca serán de quedarse en un sitio fijo.

No importa lo dulce ni lo encantador que seas, a veces coincidir no es más que cuestión de suerte, y eso no determina tu futuro.

Capítulo 30
El fin de una era

Temblorosos eran sus pasos, que sabían que significaría darlos, un día más dejado atrás, y como siempre, sin saber si habrá un mañana.

El universo, hoy más que nunca se sentía nuevo, hasta el sol brillaba diferente, y las estrellas brillaban como nunca, pareciera que había una celebración, y es que el Big Bang ya estaba llegando, ese temblor en el vacío, la llamada era clara, hoy es el día siguiente del resto de sus vidas, y aceptarlo era la única manera de confrontarlo.

La Tierra, miraba a la lejanía, perdiéndose en cuya infinitud le rodeó durante toda su existencia, sabía que no habría retorno, un paso hacia adelante, significaría aprender a caminar de nuevo en la siguiente vida, o quien quiera sepa, que función vital la Tierra reencarnará. Pero, ya no habría marcha atrás, ni sueños, ni pesadillas, era solamente ella contra el universo, esperando con su mejor apariencia el tan murmurado final, aquel del que todos hablan, la Tierra, moría por conocerlo, por conocer el único final en su vida que sería claro y definitivo. Que no se anda con palabrería, ni con pausas, simplemente llega y arrebata tu vida. La Tierra prefería ese final, antes que el que tuvo con Marte.

Porque no hay final más triste que aquel que no termina nunca. Que te acecha desde la lejanía, pero irónicamente nunca lo sientes lo suficientemente lejos. De ese tipo de finales, que se apoderan de ti incluso en tus próximos comienzos, porque un final que nunca termina, no te permite pasar la página, solo te queda quemar el libro y dejar que las cenizas representen ese final que no se te ha concedido leer. Dijeron que no había final más triste que aquel que mal termina, pero yo creo que no, yo creo que no hay peor final que aquel que has de imaginarte para finalmente poder aceptarlo.

Cualquier realidad que imaginemos, siempre será peor que la verdadera, tener que imaginar el final uno mismo, es aquello a lo que la Tierra tuvo que enfrentarse antes de morir, y para ella, el único final que existía era el que Marte había impuesto con su silencio. Simplemente se había ido, y lo hizo para siempre desde el momento en el que se dio la vuelta. La Tierra no supo verlo desde el principio y eso fue todo, el tiempo se deslizó de sus manos y ahora debe aceptar que su destino en esta vida era aprender, para en la siguiente poder vivir.

"Poca buena vida se me ha concedido en esta, que he tenido que rascar amor de las esquinas y respirar vida de las estrellas, que mi recurrencia a los vicios no ha colmado el vacío que la carencia de cariño me ha incentivado, pero, entre toda esta mugre cósmica, pude encontrar un planeta impecable, que me otorgó su vida a cambio de no juzgarla, y al menos podré morir sabiendo que no lo hice, que nunca juzgué a Marte por lo que fue, más que por lo que sus hechos dijeron. Para mí, Marte, como esencia, y como alma, lo será todo hasta el día en el que me despierte y ya no sepa quién soy. Pues Marte me hizo conocer un poco acerca de quién soy, y también acerca de lo que no quiero ser. Le debo parte de mi vida a él, y mi absoluta muerte en vida también. Y lo único que él a mí me respecta, es un espacio en sus recuerdos, que al menos cuando muera, lleve consigo una razón por la que, vivir en este universo, alguna vez pudo ser divertido. Espero estar entre esas razones, antes de atravesar el otro lado y abrir paso al olvido." Dijo la Tierra, a las esperas de su fin.

La Tierra, preparándose para recibir el auténtico Big Bang, no quitaba la vista sobre Marte, en un principio, era todo lo que quería ver antes de partir. No fue entonces cuando desvió por un segundo su vista y pudo contemplar las millones y millones de estrellas que le rodeaban, quedó atónita, no se podía creer todo lo que estaba viendo, y que nunca más podría ver.

"Ínfimos paseos he caminado por esta galaxia, y ahora alcanzo a ver el más allá de lo que Marte eclipsó , un inmenso universo. yo tontamente englobé en una sola alma, y aún así, nunca dije que este universo no fuera una preciosidad ensimismada, pero ahora entiendo que hasta ahora que no he mirado hacia otro lado, no he sido capaz de ver cuánto arte sostenía su esencia, ni de cuantas escrituras marcamos en la vía láctea, este universo irradiaba vida y nosotros la fundamos, y también la fundimos creyendo que era ilimitada. Nunca lo fue, ahora comprendo todo, nada dura para siempre, todo se desvanece con el tiempo, pues el tiempo en sí es interminable, pero para nosotros siempre será acotado y restringido, porque cada vida solo obtiene un fragmento de él. Solo queda enorgullecerse de su inversión, de cada pasaje brillante que recorrimos, y la de partículas que arrojamos con el más mínimo sentimiento que reposará en este lugar por una eternidad. Este es el final para mí, dar las gracias, y poco hablar de dar vidas, que a ninguno nos sobra. Encontraré otro planeta donde amarte, y que mis deseos se correspondan con tu felicidad, tranquilizándome de saber que nunca más serás el Marte que yo conocí, y que ese planeta quizá tu tampoco seas, pero guardaré todo el amor que quede en mi alma, para coger fuerzas y amar al planeta correcto, como jamás pude amar al incorrecto. Este es mi final, y quien-quiera sepa mi nuevo comienzo, pero moriré orgullosa de haberte conocido, Marte, tu nombre se grabará permanentemente en mis sueños más lúcidos, el olvido solo arrasa con los cuerpos, pero se apiada de las memorias. Gracias por ser el recuerdo más hermoso que poseo, gracias por haber sido tú, sin tan siquiera desearlo tanto como yo lo hice."

Marte, escuchando el discurso de la Tierra, se dio apenas una media vuelta, y, tras media vida sumergido en su silencio, le dedicó las siguientes palabras:

"Que tú me hayas amado, no me hace culpable de sus con-secuencias, es más, me enorgullece haber sido embellecido por una mirada tan artística y honesta como la tuya, me lucras con tu mera percepción de lo que crees conocer de mí. Pero, Tierra, soy un planeta cambiante, nunca soy el mismo, no siento que vaya a morir y, ¿Sabes por qué? Porque me he pasado toda esta vida en regeneración ,¿En qué se diferencia eso, con renacer? Yo me he visto morir en vida, Tierra, muchas veces, la muerte no es más que un complemento de mi ser, y la llevo conmigo en cada paso que doy. Si te preguntas por qué me es tan fácil desaparecer, yo mismo te lo diré, porque la soledad deja de aterrarte cuando se convierte en lo único que tienes.

Tierra, no soy yo quién debe decirte si has hecho las cosas bien, esa eres tú, yo solo tomé una decisión entre tantas que te habrían dolido, pues en todas ellas solo quedaba alejarme. No dependía de ti, sino de mí, me obsesioné con la idea de querer ser mejor y gracias a tal enfermiza razón, podré morir sabiendo que soy menos horrible de lo que fui ayer. Aunque nunca te quiera como tú me has querido, no dudaría en darte las gracias, simplemente por haber existido, a más de uno le has salvado la vida, pero ese nunca seré yo, yo estoy en lo mío, Tierra, renaceré y olvidaré todo lo que he sido, es absurdo tener remordimientos ahora. Lo único que quiero es darte las gracias por haberme hecho tan feliz, pero lo que no puedo, es pedirte disculpas por intentar ser mejor. Lo siento, pero este soy yo, y no por mucho tiempo seguiré siendo yo, esto es todo lo que ofrezco, el recuerdo de mi forma, de mi rostro, y si eliges el olvido, me daré la vuelta. Todo es más sencillo de lo que imaginamos, somos nosotros quienes lo complicamos, porque nunca sabemos lo que queremos, solo sabremos lo que queremos después de perderlo."

Capítulo 31
La última
conversación

Mi querido Marte, tantas veces imaginé este momento y miles de diálogos diferentes se me ocurrieron, pero nunca estuve preparada para escuchar tu voz de nuevo. Me mataste con tu silencio, y lo has hecho hasta el final. Pero, ver tu rostro antes de morir, era todo lo que pedí, y aunque esa ya no soy yo, al final sigo siendo yo ¿No? Y por aquella versión de mí que no pudo mostrarse, lo haré por ella, y podrás morir sabiendo que te he querido hasta el final. Sé que eso te duele, pero al final todos dolemos, y mi forma de dolerte será haciéndote sentir amor."

"Que absurdo, Tierra, ¿No es cierto que podemos irnos de este universo en cualquier momento? ¿Qué no seremos más que sueños del pasado que ya no recordaremos? En cualquier momento, tanto tú, como yo, dejaremos de ser nosotros, dejaremos de ser para ser algo más en otro lugar. Nadie más sufrirá, ni amará, ni odiará al otro, solo seremos polvo de estrellas en el olvido, es duro, pero

tenemos que reconocer que en cuestión de minutos, segundos... seremos pasado."

"No me es difícil de asumir que no seré nadie, se me hace difícil asumir que no fui nadie para ti en vida. Que tú has dejado una marca en mí para siempre, y yo solo formo parte de recuerdos que no tardarán en desvanecerse. Tú te clavaste en mi alma, Marte, pero tu puñalada me atravesó más fuerte."

"Tú esperaste de mí, más de lo que yo podía dar en ese momento. No sabía gestionar las cosas, ni siquiera a mí mismo, no es fácil cuando sabes que hagas lo que hagas, nadie saldrá ileso de tu decisión. Y tú, tú eras todo lo que tenía, y cuando sabes que te vas a estrellar, dejas de pulsar botones, dejas de hacer que vuelva a funcionar, simplemente te arriesgas, y te estrellas. Lo único que quería era que a ti no te salpicara, que no fueras parte de esto, pues era yo quien necesitaba estrellarme para comprender quien era realmente, y que es lo que había en mí que odiaba tanto, hasta el punto de fingir ser alguien completamente diferente. Contigo no me pasó hasta ese momento, donde tuve que elegir entre fingir que todo iba bien, o huir para que solo recuerdes la verdadera versión de mí, esa que nunca podrás olvidar y por mucho que quieras, tampoco odiar."

"Nunca quise odiarte, Marte, ni siquiera lo intenté. Todo lo que puedo decir, es que si no te hubiera conocido, no sé qué planeta sería el que se está presentando a su final. Pero ahora sé, que no importa quien fui, quien soy o quien haya querido ser, porque el final es el mismo para todos. Ahora sé que todos los problemas tenían solución menos los finales que verdaderamente lo son. Media vida fui feliz, y otra media me sentí culpable. Nunca supe por qué te alejaste, dormir era cuánto menos desolador, un día te veía a lo lejos y sonreía, y al siguiente, la culpa se colaba en mis pesadillas para recordarme que te perdí, y que nunca sabría el por qué. Pero nada más duro, que despertar y ver que era un día más donde no te darías la vuelta. Me rompiste en pedazos Marte, no tomaste la decisión menos dolorosa, ni la más malévola, tu ni siquiera intentaste pulsar el botón, y esa es la debilidad que cargará mi alma, por el resto de mis siguientes vidas"

"No podía pulsar el botón sabiendo que eso te destrozaría, a veces, intentar tomar la decisión correcta significa no tomar ninguna, al menos, es así como yo lo vi hasta entonces. Sé que lo que necesitas para partir desde cero, es escuchar mis disculpas. Pero, lo siento, no puedo disculparme por ser yo, y mucho menos, por intentar mejorar.

Concebimos la vida de diferentes formas, Tierra, para ti amar significa apego y para mí significa libertad. Posiblemente, lo vea así porque nuestros sentimientos nunca llegaron a corresponderse del todo.

Quizá también, sea por eso que tu percepción sobre mí no es comparable con la mía. Desde que me conociste estaba roto, Tierra, nunca conociste otra versión de mí, aunque eso sea lo que tú quieras creer. Te quedaste a mi lado por voluntad y no por obligación, y yo también me fui por voluntad, porque no estaba obligado a quedarme."

"¿Sabes? Es tan irónico que tu facilidad para olvidar sea lo mismo que te hace ser recordado. Tienes razón, somos más distintos de lo que alguna vez imaginé, nunca necesitaste apegarte a aquello que definías como felicidad intermitente, eras feliz porque simplemente eras así, y en ese momento te sentías así. Pero, realmente, siento que en la parte más oculta de ti, también se escondía un verdadero apego al amor, pero no venía de mí, ahí también eras de los míos, el amor era por alguien que no te amaba. Y los dos lo sabíamos, y los dos seguíamos enamorados, aunque de diferentes almas."

"*¿A qué te estás refiriendo exactamente?*"

"*¿No es obvio? Tú perseguías las estrellas por la misma razón que yo te perseguía, porque por muy cerca que estuvieran, nunca podrías tenerlas, pero te llenaba la mera idea de poder atraparlas, y todavía más la idea de que eso nunca pasara.*"

"*Vaya... pues quizá al final no somos tan distintos, después de todo.*"

"*Quizá no...pero hay algo que sí nos diferencia. Tú perseguías aquellas estrellas para evadirte de ti mismo, y yo sin embargo, sí te quería por quien eras, aunque eso involucrara quererme menos. Nunca esperé algo a cambio de ti, ni siquiera que me amaras, todo lo que quería era pasar mi vida contigo.*"

"*Yo también te quise por quien eras, Tierra, y te sigo queriendo. Ahora más que nunca, por razones que desconozco, pero ya no sirve de nada, porque en cuestión de un momento desconoceremos este universo por completo.*"

"*Parece que ahora podré ser todo aquello que amas, solo porque no me puedes tener.*"

"*Es posible que tengas razón, solo espero que en la siguiente vida, podamos amar desde el corazón y no por capricho. Tierra, fue un placer coincidir contigo, y te deseo lo mejor en tu próxima vida.*"

"*No hay amor más fuerte que aquel donde se aceptan las disculpas que nunca te pidieron. Y por eso, yo te perdono Marte, porque contigo siempre disfruté aquellos momentos persiguiendo la luz que encubría nuestra oscuridad. Teníamos miedo de enve-jecer o vivir estancados en el tiempo, pero al mismo tiempo daba igual, porque estando juntos sólo éramos tu y yo, el mundo que nos rodeaba, y eso bastaba, bastaba porque lo era todo.*"

Capitulo 32
El destino final

Tras esta profunda conversación, parecía que el tiempo pasaba a cámara lenta, pero lo cierto es que el propio tiempo también llegaría a su fin. Un sonido retumbante acechó al universo entero, nadie sabía de dónde venía, pero todos sabían que ya no habría vuelta atrás. A la vuelta de la esquina se encontrarían con el fin del mundo, aquel que arrasa con todo y sin distinciones. Pero, nadie estaba asustado, la Tierra simplemente cerró sus ojos, y se sintió orgullosa de no irse de este mundo quedándose en silencio. Ahora, por fin respiraría hondo, solo porque Marte sabría lo que pasó por su mente todo este tiempo. Ni siquiera ya importaba lo que él pudiera pensar al respecto, ella simplemente cerró sus ojos y respiró en paz.

Mientras tanto, Marte se quedó mirando a cada parte recóndita que habitaba en el mismo universo que el suyo, contemplaba las estrellas y ya no sentía nada, porque quién estaba brillando era él, y siempre fue él. Se quedó contemplando como el resto de planetas se iban desvaneciendo, como las estrellas se apagaban, y todo lo que ahora podría desear, es que el Big Bang arrasase con él, antes que con la Tierra.

Cada vez, el ruido era más estruendoso, ambos planetas sabían que en cualquier momento ellos serían los siguientes.

La Tierra seguía mirando hacia dentro, sin prestar atención a su exterior, no quería ver nada más que a ella misma, pues eso sería lo único que merecía la pena ver por última vez.

Un gigante destello se apoderó por completo del planeta Tierra, podía sentir ese calor intenso a milímetros de ella, se fundía en esa luz que englobaba su alrededor. Era más que consciente de que el mundo estaba desapareciendo, y que por supuesto, ella también estaba a punto de desaparecer.

Fue ahí cuando Marte se da cuenta, y empieza a agonizarse, era tal angustia la que sentía, que no podía comprender como se pasó mitad de su vida sin ella, sin aquel planeta que tanto le amó, sin pedirle nada a cambio más que su presencia. No podía comprenderlo, pero tampoco arrepentirse, porque él sabe que hizo lo que hizo para ser alguien mejor. Sin embargo, Marte siempre supo que tenía a la Tierra, que si se daba la vuelta, no dudaría en que allí estaría ella, porque nunca le importó esperar toda su vida por él. Nadie hubiera esperado tanto, pero la Tierra sí, lo que nadie nunca, la Tierra sí, y eso no dolía hasta ahora, que lo habría perdido por completo.

"Querida Tierra, aun sin verte te sentía cerca, porque sabía que tú lo seguías estando. Es desgarrador ver cómo se va el alma más pura que he conocido. Te prometo que en la siguiente vida, encontraré otro planeta donde amarte, parte por parte, como siempre mereciste. Hasta siempre, Tierra, fuiste una gran compañera de vida, la mejor."

Marte, tras este diálogo, se quedó expectante de que llegará su turno, y a medida que no llegaba, que nada arrasaba con él, cada vez se hacían más grandes sus grietas, y no, nadie podría pararlo, más que el propio Big Bang.

La Tierra ya había desaparecido, y al lado estaba Marte, a punto de rasgarse el alma, ahí fue entonces que Marte intentó derramar sus lágrimas y mostrar su luto, pero de un momento a otro, esa luz esférica ya lo había atravesado.

El mundo se habría terminado, todas las sonrisas y el dolor se habrían esfumado, como pequeños cometas por el cielo, tan brillantes pero a la vez tan pasajeros, tan lejanos. El universo partiría de cero, y nunca más volvería a ser lo mismo, Marte y la Tierra, como el resto de astros no serían más que un recuerdo perdido en este inmenso cosmos, dónde el tiempo lo cura y lo destruye todo, solo para convertirnos en algo distinto, y así sucesivamente.

No importa que seas humano, planeta, estrella, cometa, la luna o hasta un agujero negro. Nuestras vidas son un breve momento dentro de un universo que data hace millones de años. No estamos condenados a un fin, solo somos pequeños destellos que coinciden con otros hasta el día que son olvidados, pequeñas luces que divagan por el vacío. No importa lo que haya sucedido en el pasado, lo que siempre importará es el momento. A veces no es cuestión de esperar toda una vida a que pase algo, si no de agradecer que alguna vez pasó.

Así es la vida, y de la muerte qué sabremos...

FIN

CARL SAGAN

"La Tierra es un lugar más bello para nuestros ojos que cualquiera que conozcamos.

Pero esa belleza ha sido esculpida por el cambio:

El cambio suave, casi imperceptible, y el cambio repentino y violento.

En el cosmos no hay lugar que esté a salvo del cambio.

STEPHEN HAWKING

"Tiene que haber algo muy especial acerca de los límites del universo.

¿Y qué es más especial que el hecho de que no haya límites?

Y no debe haber límites en el empeño humano. Todos somos diferentes.

No importa lo difícil que pueda parecer la vida.

Siempre hay algo que puedes hacer y tener éxito. Mientras haya vida, habrá esperanza."